숲

FORESTS: A Very Short Introduction, First Edition

First edition was originally published in English in 2015.
Korean translation rights arranged with Oxford University Press
through EYA(Eric Yang Agency).

첫단추 시리즈
030

숲

자부리 가줄 지음
김명주 옮김

교유서가

사랑을 베풀어주신 부모님 라메즈와 제밀라,

관용을 베풀어주신 장인장모님 왕과 케이께 바칩니다.

차례

1. 인간 문화 속의 숲 ---------- 009

2. 여러 종류의 숲 ---------- 037

3. 숲의 기원 ---------- 075

4. 교란과 역동성 ---------- 113

5. 숲의 상품과 서비스 ---------- 147

6. 과거, 현재, 미래 ---------- 187

· 감사의 말 220

· 참고문헌 222

· 역자 후기 226

· 도판 목록 230

제 I 장

인간 문화 속의 숲

누군가에게는 기쁨의 눈물을 흘리게 하는 나무가 다른 누군가의 눈에는 단지 길을 방해하는 녹색 사물일 뿐이다.

—윌리엄 블레이크, 1799년

1997년 12월 10일, 줄리아 '버터플라이' 힐이 캘리포니아에 있는 키 큰 세쿼이아 나무에 올라갔다(그림 1). 그녀는 2년 하고도 8일이 지난 뒤 나무에서 내려왔다. 줄리아 힐이 숲 지붕에서 2년을 보낸 것은 태평양목재회사(Pacific Lumber Company)가 오래된 숲의 나무를 벌목하는 것을 막기 위해서였다. 그녀는 그 일로 뜻하지 않게 숲을 보호하는 국가적이고 세계적인 운동의 영웅이 되었다. 태평양목재회사와 줄리아 힐의 대립은

1. 캘리포니아 연안의 세쿼이아 나무에 올라간 줄리아 '버터플라이' 힐. 그녀는 이 나무 위에서 2년을 지냈다.

숲을 바라보는 양극단의 인식을 압축적으로 보여준다. 한쪽은 개발을 위한 자원으로 보는 것이고, 다른 한쪽은 숭고하지만 취약한 태고의 자연으로 보는 것이다. 줄리아 힐의 시위는 우리 사회가 숲에 부여하는 강력한 문화적·정서적 가치를 상징하는 사건이기도 하다. 히스림(heathlands. 토질이 척박한 산성 모래 토양을 가진 지역에서 발견되는 열대습윤림의 한 종류—옮긴이), 이탄(泥炭) 습지, 야생 초원은 숲보다 훨씬 큰 피해를 겪고 있는데도, 이런 장소들의 파괴에 항의하기 위해 줄리아 힐처럼 헌신하는 누군가를 상상하기는 어렵다.

2010년에 영국 정부가 잉글랜드 공유림의 약 절반을 매각하겠다고 발표했을 때 사람들이 격렬하게 반발한 일은 세상을 떠들썩하게 한 줄리아 힐의 항의가 결코 비주류 의견이 아님을 확인시켜준다. 영국 환경부 장관 캐럴라인 스펠먼은 나중에 이렇게 논평했다. "이 경험에서 얻을 수 있는 한 가지 분명한 메시지가 있다면, 그것은 사람들이 숲과 숲이 주는 혜택을 소중히 여긴다는 것이다."(2011년 2월 17일) 이 문장의 핵심 단어인 '소중히 여기다(cherish)'는, 사람들이 숲을 대할 때 숲이 제공하는 실용적 가치를 훨씬 넘어 친구나 식구에게 가질 법한 애착과 애정을 느낀다는 것을 암시한다. 숲을 보호하기 위한 비폭력 행동이 부유한 서구인의 전유물인 것도 아니다. 북인도 부족민들의 칩코 운동(Chipko movement)은 무차별적인 개발에 맞서 수십 년 동안 숲을 보호해왔다. 1973년에 벌목에 앞선 대치 상황에서 "가우라 데비 부인이 총 앞으로 나와 그 남자들에게 자신을 총으로 쏘라고 했다. (…) 그녀는 숲을 어머니의 집에 비유했다". 결국 나무는 베이지 않았다.

숲, 특히 노숙림(老熟林. 인위적 교란을 받은 적이 없는 극상림—옮긴이)은 오랫동안 인류의 집단의식을 지배하면서, 사실보다는 직관에 근거한 다양한 해석을 불러냈다. 숲은 위대한 생물다양성을 부양하는 인자한 서식지이고, 신성한 가치와 미학적 아름다움이 깃든 장소이며, 경제적 가치가 있는 자원을 생산하는 땅이고, 인간 진보에 걸림돌 또는 골칫거리가 되는 위험한 황무지였다. 숲의 서로 다른 측면들을 보면, 숲의 가치를 평가하는 일이 대중 논쟁에서 매우 정치적이고 깊은 분열을 초래하는 화제가 되는 것도 놀라운 일은 아니다. 모든 자연 서식지 가운데 숲은 가장 크고 깊은 긴장을 수반하는 장소에 속한다. 숲은 지구촌과 국가 경제에, 그리고 예로부터 숲에 생계를 온전히 또는 일부 의존해온 수백만 명의 사람들에게 매우 중요한 의미를 가진다. 또한 세계의 탄소 흡수원 또는 지구 다양성의 대부분을 보유하는 장소로서 숲이 갖는 국제적 가치는 국가 수준의 개발 과제와 충돌한다. 이 모든 이유로 숲은 정치 논쟁의 초점이 되어왔다. 게다가 숲을 생태적 실체이자, 가치 판단을 내포하는 사회적으로 구성된 개념이자, 경제적 보상을 가져다주는 자원으로서 총체적으로 인정하는 데 실패함으로써 숲을 둘러싼 공적·과학적·경영적 측면의 담론은 지나치게 단순하게 흘러갔으며, 이는 산림 경영을 둘러싼 갈등을 해결하는 데 아무런 도움이 되지 못했다. 숲이 생태적 실체이며 토지 이용 단위인 한, 우리는 산림 개발과 보존의 문화적·지역적 역사에서 파생된 사회적 준거틀에서 완전히 벗어날 수 없다. 숲을 볼 때 우리는 있는 그대로 보기보다는 우리가 생각하는 대로 본다.

숲의 문화사

> 나는 사람들이 말하는 숲의 신 훔바바를 보고 싶소. 나는 레바논 삼나무숲에서 훔바바를 잡을 것이오. 그런 다음 삼나무를 베어, 내 이름을 길이 남길 것이오.

기원전 2600년경 신수메르 왕조 때 쓰인 『길가메시 서사시Epic of Gilgamesh』에서 우르크 왕 길가메시는 이렇게 선언했다. 악마 훔바바를 죽였더니 숲에 평화가 돌아왔다. 하지만 『길가메시 서사시』는 거대한 삼나무숲을 사악한 괴물들이 사는 숲이 아니라, 지극한 아름다움과 위안을 주는 장소이며 신들이 사는 장소로 묘사한다.

> 길가메시와 엔키두는 그 자리에 얼어붙어 깊고 높은 숲을 응시했다. 그런 다음 그들은 신들의 집, '가장 매력적인 이르닌니'라 불리는 이슈타르의 또다른 자아가 사는 천국을 발견할 수 있었다. 진정한 아름다움이 상존하는 그곳에는 신들이 살고, 시원한 그늘과 조화, 맛있는 냄새를 풍기는 음식이 그들의 기분을 맞춰준다.

문자로 적힌 가장 오래된 이야기에서 발췌한 앞의 내용은 지금 이 순간까지 인간의 역사 내내 계속되어온 숲과 우리의 긴장 관계를 잘 보여준다. 길가메시와 엔키두는 거대한 삼나무숲이 아름답고 신성한 장소임을 인정하지만, 그럼에도 가장 큰 나무들을 베기로 한다. 인류와 숲의 관계는 길고 복잡하고 모순적이다.

숲에 대한 서양의 문화적 태도는 자연과 초자연, 피난처와 매복지, 순수와 더러움, 선과 악이라는 상반되는 이미지 사이에서 동요했다. 숲은 악마와 위험이 도사리는 두려운 장소였다. 고대 그리스의 숲의 신 판(Pan)은 경솔한 여행자들에게 공포(panic)를 불러일으켰다. 중세 북유럽과 중유럽에서 숲은 트롤, 도깨비, 난쟁이, 거인, 마녀, 늑대인간, 악마가 사는 장소였는데, 그런 인식은 현대에 와서도 어둡고 음울한 숲을 배경으로 전개되는 『헨젤과 그레텔Hansel and Gretel』 같은 동화들 속에 존재한다. 상상 속의 위험(당시 사람들에게는 실질적인 위험이었을 것이다)과는 별도로, 숲에는 곰과 사자 같은 야생동물이라든지 범법자와 강도 같은 실질적인 위험이 있었다. 원래 '야생짐승이 사는 장소'를 뜻했던 '야생(wilderness)'이라는 단어는 따라서 사실상 숲의 동의어다. 북유럽어의 어원상으로도 그렇다. 숲을 뜻하는 고대 영어 단어인 'weald' 또는 'woeld'는 '야생'을 뜻하는 현대 영어 단어 'wild'와 관련이 있다. 'landscape'(경관)라는 단어의 어원도 숲(woodland)과 직접적인 관계가 있으며, 어원을 추적하면 대략 서기 500년경에 사용된 고대 영어 'landscaef'로 거슬러올라갈 수 있다. 이 단어는 동물, 오두막, 밭, 울타리가 있는 '숲(weald)'의 빈터를 뜻한다. 경관은 문자 그대로 숲을 깎아 만들었다. '숲(forest)'이라는 단어 자체도 역사를 거쳐오면서 매우 다른 의미들을 가졌고, 나무가 덮인 경관을 뜻하게 된 것은 비교적 최근의 일이다(상자 1을 보라).

또한 숲에는 보다 긍정적인 측면인 초자연적·영적 속성이 부여되었고, 나무나 숲과 관련이 있는 미신들과 믿음 체계들이 많은 다양한 문화들의 역사 속에 유유히 흐르고 있다(그림 2). 예컨대, 태국의 불교 사원을 장식하는 기상천외한 생물들은 신비로운 히마판 숲에 사는 생물들을 상징한다. 불교에

상자 1 숲의 의미론

'숲'의 모호한 의미는 중세 시대 숲의 역사를 해석하는 데 어려움을 준다. '임지(forest land)'의 성격은 유럽에서 나라마다 달랐고, 뜻은 시대에 따라 바뀐다. '숲(forest)'이라는 단어는 라틴어 'foris'에서 유래한 것으로 '외부'를 뜻하고, 관련어인 'forestare'는 '출입을 금하다', '출입 금지 장소', '배제하다'라는 뜻을 가지고 있다. 라틴어에서 나무로 덮인 넓은 땅은 'sylva'로 불렀고, 거기에서 'silviculture(임학)'라는 단어가 파생되었다. 왕이든, 주교든, 귀족이든 모든 부류의 권위자들은 특정한 땅에서 소작농을 배제하는 데 유독 관심을 보였다. 따라서 8세기 카롤루스 대제 때 '숲'은 칙령으로 출입이 금지된 땅을 지칭하는 용어가 되었고, 나무로 덮인 것과는 직접적인 관련이 없었다.

중세 왕실림은 단순히 군주가 배타적인 샤냥권을 누리는 왕실 사냥터였다. 이런 땅은 마을, 히스림, 경작된 땅을 가지고 있었고, 나무가 별로 없었다. 잉글랜드의 엑스무어(Exmoor) 국립공원과 셔우드 숲(Sherwood Forest)이 그런 예다. 1598년까지도 숲은 존 맨우드의『숲의 법에 관한 논문과 담론A Treatise and Discourse of the Lawes of the Forest』에서 '왕의 지극한 기쁨과 즐거움을 위해, 숲의 야생동물들이 쉬고 거주할 수 있도록 안전하게 보호되는 나무와 생산적인 목초지가 있는 영토'로 묘사되었다.

19세기 초중반이 되어서야, 유럽 대륙에서 전문적인 임학의 과학적 산림 경영 관행들이 개발되면서, 숲을 나무로 덮인 땅으로 보는 것이 표준이 되었다.

서 하는 이야기에 따르면, 여행자는 그 숲을 통과해 지상의 영역에서 천상의 영역으로 건너갈 수 있다고 한다. 성지에 가면 많은 신자들이, 자신들의 종교인 이슬람, 기독교, 유대교뿐 아니라 (또다른 일신교 종교인) 드루즈파(이슬람 시아파의 한 분파—옮긴이)에서 금지하는데도, 봉납물로서 또는 나무 정령을 달래기 위해 나무에 천 조각을 계속 묶는다. 이 관습은 인도와 그 밖의 다른 장소들에서도 재현된다. 역사를 통틀어 보면, 나무에 조상의 영혼이 깃들어 있으며 숲에 정령이 산다고 여기는 것은 인류 사회의 거의 보편적인 특징이었다. 수많은 사례들이 있지만 몇 가지 예를 들면, 동아프리카의 와니카족(Wanika), 보르네오의 다야크족, 그리고 정령 신앙을 믿는 불교도들은 오래된 나무를 자르거나 다치게 하지 않도록 매우 조심했다. 그런 나무들에는 존경받는 사회 구성원에게 주어지는 경의가 부여되었다. 남오스트레일리아의 디에리(Dieyerie) 부족, 많은 필리핀 제도 사람들, 태국 동북부의 이산(Isan) 지역 사람들, 그 밖의 많은 문화들이 신성한 나무를 변신한 조상으로 간주하거나 적어도 조상들의 집으로 간주했고, 그래서 그 나무들을 자르지 않으려고 했다. 일본 신도(神道. 조상과 자연을 섬기는 일본 종교—옮긴이)의 가미(신)는 자연적인 장소들에 깃들어 있는 신성한 혼 또는 영적 존재를 가리키는데, 그런 장소들 가운데서 최고가 나무와 숲이다. 인도에서는 수백 년

2. 인도 서고츠산맥의 아나마라이 야생동물 보호 구역에 있는 숲속의 신성한 장소에 부족의 우상이 놓여 있다.

에 걸쳐 숲이 베였지만, 다양한 숲의 정령들이 피신처로 삼을 수 있도록 농경지 안에 많은 소규모 숲들을 보유했다. 유럽의 경우, 비슷한 믿음이 사회 속에서는 서서히 사라졌지만 문학 속에는 잘 포착되어 있다. 예컨대 셰익스피어의 『한여름 밤의 꿈A Midsummer Night's Dream』에서는 숲이 장난기 있고 짓궂은 요정들이 사는 곳이고, 『뜻대로 하세요As You Like It』에 등장하는 아든의 숲은 평화로운 피신처이며 보호 구역이다. 더 최근 작품인 톨킨의 『반지의 제왕Lord of the Rings』에 등장하는 팡고른 숲은 음울하고 위협적인 숲과 유순한 엔트 종족을 대조시킨다.

두려움과 숭배 둘 다의 이유로 숲과 나무는 신에게 바쳐진 첫번째 장소가 되었다. "인류 역사의 초창기부터 나무 숭배는 유럽인의 종교적 삶에 중요한 역할을 해왔다"라고 제임스 조지 프레이저는 『황금 가지The Golden Bough』(1894)에 썼다. 로마 정복 이전의 영국에 존재했던 드루이드교 문화는 숲, 특히 참나무숲과 강력한 영적·상징적 관계를 맺고 있었다. 신성한 숲은 경외와 두려움을 불러일으켰다. 로마 시인 루카누스는 마실리아(마르세유)의 신성한 숲을 다음과 같이 묘사했다.

> 고대부터 인간의 손이 닿지 않은 숲이 있었다. 그 숲의 서로 얽힌 가지들이 어둡고 차갑게 그늘진 공간을 에워싸고 저 위에서

비치는 햇빛을 내쫓았다. (…) 사나운 의식으로 신들을 숭배했고, 재단에는 흉측한 재물이 쌓였다. 모든 나무에는 인간의 피가 흩뿌려져 있었다. 새들은 그 가지 위에 앉기를 두려워했고, 야생 짐승은 덤불에서 쉬려 하지 않았다. 어떤 바람도 그 숲으로 돌진하지 않았고, 검은 구름에서 벼락이 내리치는 일도 없었다. 나무들은 산들바람에 잎을 내맡기지 않을 때조차 저 스스로 바스락거렸다. (…) 사람들은 가까이서 숭배하기 위해 그곳에 가는 일이 결코 없었고 신들에게 그 장소를 맡겼다.

한편 유럽 문화는 숲을, 더 유순한 신성을 반영하는 대성당이나 사원에 비유했다. 실제로, 중세 대성당의 기둥과 둥근 천장은 높은 숲의 우뚝 솟은 나무줄기와 숲 지붕을 형상화한 것이라는 의견이 있다.

두려움을 불러일으키고 신성시된 한편으로 숲은 이용되기도 했다. 숲이 생산하는 산물들은 에너지, 원재료, 열매와 견과류, 가축(특히 돼지) 먹이에 필수적이었으므로, 두려움 또는 숭배의 태도에는 흔히 반대 감정이 병존했다. 고대 그리스인들은 숲을 인류의 발상지로 간주했지만(최초의 인간은 참나무에서 생겨났다), 그러면서도 여전히 나무를 베고 숲을 개간했다. 아테네가 부상하면서 건축 재료와 에너지, 채광과 선박 건조를 위한 목재 수요가 증가하자 목재를 먼 마케도니아에서 들여

와야 했다. 플라톤은 대화편 『크리티아스Critias』(기원전 360년)에서 산림 파괴가 토양 침식, 동물 서식지 상실, 물 공급 악화에 끼치는 영향에 대해 논했다. 걸출한 행정 능률과 공학 기술을 보유한 고대 로마도 숲을 개벌(皆伐)하는 일에서 누구 못지않게 효율적이었으므로 로마 땅에서도 숲이 빠르게 제거되었다. 로마는 누구든 땅에서 숲을 제거한 사람에게 소유권을 주었다. 심지어 숲과 다산의 여신 아르테미스(로마 신화에서는 디아나)도 참나무숲을 보호할 수 없어서, 아르테미스 사원이 있는 도시 에페수스 주변조차 빠르게 경작지로 바뀌었다. 그 결과 일어난 토양 침식으로 에페수스의 큰 항구에 토사가 쌓여 도시는 여러 번 이전해야 했으며 결국에는 몰락하고야 말았다.

신성과 효용 사이의 모순은 오늘날도 계속된다. 도교, 불교, 힌두교에서 암시적으로 드러나는 아시아 철학은 자연에 대한 더 큰 존중심을 품고 있다고 해석된다. 인도와 동남아시아의 신성한 숲은 그런 철학뿐 아니라 그것과 더불어 존재하는 애니미즘 전통에 그 존재를 빚지고 있다. 석가모니는 깊은 숲 속에서 홀로 명상할 때 가장 행복했으며, 그가 네 가지 위대한 진리를 깨달은 곳도 숲 한가운데였다. 마찬가지로, 아프리카의 전통적인 영적 가치와 기독교 신앙의 혼합이 짐바브웨와 케냐의 숲을 보호했다. 그렇다 해도 신성한 숲은, 아프리카에 있든 아시아에 있든 그 밖의 다른 장소에 있든, 개벌된 지 오래된 숲의 잔재들이다. 신성한 숲 자체도 최근 몇 십 년 동안 다름 아닌 그 숲을 숭배하는 집단에 의해 개발되고 제거되어, 대규모 성전과 사원으로 대체되거나 목재를 위해 잘렸다.

가치 체계 역시 고정되어 있는 것이 아니다. 예전에 숲을 보호하는 데 기여했던 몇몇 아시아 신앙들은 더 인간 중심적이고 자연에 대해 덜 감정적이라고 여겨지는 서양 일신교에 노출되면서 쇠퇴했다. 그렇기는 하지만 비서구 종교 교리들이 숲을 더 잘 보호한다는 증거는 딱히 없다. 따라서 비록 그동안 환경을 약탈하는 문화에 대해 서양의 유대교와 기독교 철학을 탓하는 것이 인기 있는 설명이었고, 이런 철학들은 계몽된 환경 의식을 가진 아시아와 아프리카 문화 그리고 아메리카 및 오스트레일리아 토착 문화와 부당한 비교를 당했지만, 실제로는 모든 문화권의 사람들이 상황에 따라 자신들의 안위, 안전, 힘을 위해 산림 황폐화에 가담했다. 사람들이 숲에 가하는 충격은 특정 문화와 종교의 환경의식에서도 영향을 받았지만, 그 못지않게 기술, 인구 규모, 타인을 예속시키는 힘, 짐 나르는 동물의 영향을 받았다. 마야, 중국, 일본, 고대 인더스 문명은 모두 유럽의 영향을 받기 오래전부터 광범위한 산림 파괴를 겪은 사례가 있다. 중국 북부에서는 불교와 유교조차 보존보다 개발이 우선시되는 것을 막을 수 없었기에, 당나라 말에는 이미 숲의 많은 부분이 황폐화되고 변모해 있었다. 중국의 비대한 관료제에 필요했던 먹의 원료인 송연(松煙)의 수요도 산시성과 허베이성 사이에 있는 타이항산맥의 소나무숲 파괴에 한몫을 했다. 마찬가지로, 일본 신도의 자연적인 장소에 대한 숭배도, 16세기 말 혼돈과 무법의 센고쿠(戰國) 시대가 막을 내렸을 때 인구 증가와 부의 축적에 따른 사람들의 필요 앞에서 뒷전으로 밀려났다. 17세기 말에 평화가 찾아오면서 가능해진 기념비적 건설 사업은 일본의 많은 숲을 파괴했다. 더 최근에는 자유시장 경제의 확대가 가져온 사업 기회들이 금기를 약화시켰다. 개발업자들은 자신들이 개발하고 싶은 지역에서 정령과 조상을 달래거나 없애버리면 그만이다. 인도네시아에서 개발을 의미하는 자바어 '바다드 알라스(babad alas)'는 문자 그대로는 '숲을 열다' 또는 '정리하다'라는 뜻이지만, 마을 사람들은 숲을 개벌하기에 앞서(또는 경질 목재, 장뇌, 그 밖의 가치 있는 나무들을 채취하기에 앞서) 의식과 제물로 숲 또는 나무 정령을 달램으로써 종교적 금지를 모면한다.

숲은 나무 베기, 불태우기, 농사로 길들이고 개발해야 할 야생 지역이라는 개념은 그럼에도 불구하고 고전 시대부터 중세 이후까지 유럽에서 특히 우세했다. 중세 시대에 새로운 기독교 교단이 이교도 사회가 오랫동안 숭배해왔던 신성한 숲과 나무들을 이념적으로, 그리고 실제로 파괴한 행위는 이러한 시각을 분명하게 보여준다. 8세기 독일에서 성 보니파티우

스가 도나르의 숲을 파괴한 것이 전형적인 예다. 유럽이 세력을 확장하면서 이런 개념을 세계의 다른 지역들, 특히 북아메리카로 수출한 결과, 숲 개벌과 새로운 농업 교단의 창설이 17세기부터 북아메리카에서 재현되었다. 유럽과 북아메리카에서 이 과정에 영감을 준 것은 기독교의 도덕 개념이었다. 겸손한 개척자의 힘든 노동은 야생의 미개하고 고집 센 자연에 대한 투쟁을 상징했다. 이런 신성한 동기는 진보와 개발이 문명과 생존에 필수적이라고 여기는 세속의 실용주의적 동기로 점점 보완되었다. 이제 숲 개벌과 산림 개발은 도덕적·물질적 보상을 모두 가져다주었다.

역사적 입장에서 숲을 기술한 경우 저자의 근본적인 동기와 관점을 알지 못하면 오해할 수 있다. 신세계에 온 초기 탐험가들은 자신들이 새로 발견한 지역의 경제적 잠재력을 선전하고 탐험의 목적을 정당화해야 했으므로, 숲을 찬사의 언어로 묘사했다. 고대 노르웨이인들 이래로 북아메리카의 대서양 연안을 찾은 최초의 유럽인이었던 피렌체 탐험가 조반니 다 베라차노는 연안까지밖에 가보지 못했음에도, 그곳에는 "형언할 수 없는 아름다움과 매력을 가진 다양한 나무들로 뒤덮인 굉장히 큰 숲이 가득했는데, 어떤 숲은 나무가 듬성듬성했고 어떤 숲은 울창했다"고 보고했다. 이주민들은 다르게 생각했다. 식민지 총독 윌리엄 브래드퍼드는 뉴잉글랜드를 "무섭고 황량한" 땅이라고 표현했는데, 새로운 식민지를 건설하기 위해 숲을 정리하는 데 필요한 고된 노동이 그의 묘사에 영향을 끼쳤을 것이다.

낭만주의 시대: 태도의 변화

자연은 신이 인류에게 제공한 것으로서 인류는 자신들의 이익을 위해 그것을 이용해도 된다는 유대교와 기독교의 해석은 영국 식물학자 존 레이(John Ray, 1627~1705)에 의해 도전받기 시작했다. 『창조의 작품들에 명시된 신의 지혜The Wisdom of God Manifested in the Works of Creation』(1691)라는 책에서 존 레이는 이렇게 주장했다. "이런저런 방식으로 인간에게 쓰이는 것만이 창조의 유일한 목적인 양 (…) 모든 가시적 세계는 인간을 위해 창조되었다는 것이 일반적인 통념이다. (…) 하지만 현자들은 요즘 다르게 생각한다." 인간에게 쓰이기 위한 실용적 가치와 별개로 존재할 권리라는 존 레이의 개념은 다른 사람들에게서 되풀이되었다. 알렉산더 포프(Alexander Pope, 1688~1744)는 『인간론Essay on Man』(1733)에서 생물들은 "방대한 전체의 일부에 불과하다. 전체 몸이 자연이고, 신이 그 영혼이다"라고 썼다. 존 브루크너(John Bruckner, 1726~1804)는 『동물 창조에 관한 철학적 조사A Philosophical Survey of the Animal Creation』에서 영국이 아메리카의 숲을 변형시킨다면 "생명의 그물"을 끊게 될 거라고 우려했다. 한편, '숭고' 교의는 자연 경관의 본능적이고 무시무시한 아름다움을 새롭게 알아보고 음미했다(그림 3). 에드먼드 버크(Edmund Burke, 1729~1797)는 『숭고와 아름다움이라는 이념의 기원에 대한 철학적 탐구A Philosophical Enquiry into the Origins of Our Ideas of the Sublime and Beautiful』에서 아름다움을 질서정연하고 안전한 표상과 동일시한 반면, 숭고는 "마음이 느낄 수 있는 가장 강렬한 감정을 야기하는" 경외와 공포의 조합을 불러일으키는 이미지들에서 나온다고 보았다. 숲은 여전히 어둡고 불길한 장소였지만 이제는 바로 그 점으로 인해 새롭게 평가되었다.

숲, 더 일반적으로는 자연에 대한 유럽인의 감정은 18세기 말 계몽주의에 대한, 특히 산업화와 그 근저의 과학적 합리주의에 대한 낭만주의 운동의 반발과 함께 더 극적으로 바뀌었다. 야생의 자연을 존중하는 태도가 주목을 받았고, 이런 태도는 18세기와 19세기 초의 낭만주의 회화와 문학 속에서 볼 수 있듯이 순수, 아름다움, 영적·정신적 건강과 결부되었다. 역설적으로 계몽주의도, 과학 진보의 프리즘을 통과하며 드러난 자연의 작동 기작(機作)이 신의 탁월함을 나타낸다고 해석함으로써 태도 변화를 촉진했다. 숲과 숲이 우거진 경관에 대한 재조명은 18세기 말의 문학과 미술에 반영되었고, 특히 잉

3. 〈동지Kindred Spirits〉(1849), 애셔 브라운 듀런드의 그림. 야생의 숭고한 느낌을 표현한 미국 풍경화의 상징적 그림이다.

글랜드의 윌리엄 워즈워스와 북아메리카의 윌리엄 컬런 브라이언트에게 극찬을 받았다. 북아메리카의 숲이 우거진 경관에 영감을 받은 프랑수아 르네 드 샤토브리앙은 프랑스에서 낭만주의 이상을 발전시키는 데 앞장섰다. 하지만 낭만주의 시기에 숲과 자연에 대한 뚜렷한 태도 변화가 있었다 해도, 산업화와 시골의 개발은 계속되었고, 진보와 개척의 개념들은 대서양 양편에 여전히 강하게 남아 있었다.

현대적 태도의 출현

현대적인 산림 경영 개념이 확립된 곳은 중유럽이지만, 숲을 보호가 필요한 야생의 흔적으로 보는 서구적 개념이 탄생한 곳은 북아메리카다. 헐벗은 지중해 유역을 본 조지 퍼킨스 마시(George Perkins Marsh, 1801~1882)는 미래의 자원 안보를 위해 숲을 보존할 필요가 있다는 인식을 갖게 되었다. 그는 그런 개념을 고국인 미국으로 들여와 위대한 저서 『인간과 자연 Man and Nature』에서 주창했다. 그런 생각은 그에 앞서 미쇼의 세 권짜리 저서 『북아메리카 식물지 North American Sylva』(1817)에서 소개되었기 때문에 새로운 것이 아니었지만, 받아들여지는 데는 시간이 걸렸다. 하지만 그런 가운데서도 기퍼드 핀쇼(Gifford Pinchot, 1865~1946)의 견해에 영향을 끼쳤는데, 그는 자원의 지속 가능한 관리를 옹호하면서 자원은 무궁무진하다는 당시 지배적이었던 잘못된 개념을 강력 비난했다. 핀쇼의 지도력과 시어도어 루스벨트 대통령의 열정적인 지원 덕분에 1900년 이후 보존 중심적 산림 경영이 급부상했다.

한편, 숲에 대한 더 미학적이고 감정적인 반응이 헨리 데이비드 소로(Henry David Thoreau, 1817~1862)의 저술들을 통해 생겨나고 있었다. 그는 숲을 "부분적으로 경작된 땅"의 일부로 평가했는데, 이는 자연 보존에 대한 여러 현대적 개념들이 반영된 평가다. 존 뮤어(John Muir, 1838~1914)는 야생의 내재적 가치를 더욱 강조했고, 미국 서부의 숲을 보존하는 데 평생을 바쳤다. 앨도 레오폴드(Aldo Leopold, 1887~1948)의 '땅 윤리'는 인류를 정복자가 아닌 '땅 공동체'(요즘 용어로 말하면 '생태계')의 시민으로 보았다. 레오폴드는 땅을 이용하고 경영할 필요가 있다는 사실을 받아들였지만, 숲과 그곳에 사는 생물들이 건강한 자연 경관을 구성하는 정당하고 필수적인 요소라는 점도 인정했다. 레오폴드의 저술들은 레이철 카슨이 자연은 '생명의 복잡한 그물'이라는 핵심 개념을 담은 『침묵의 봄Silent Spring』(1962)으로 세상에 자극을 준 뒤에 더욱 큰 영향력을 갖게 됐다.

북아메리카와 같은 야생이 없는데다 인구가 더 많았던 유럽은 만성적인 목재 기근에 시달리며 지속 가능한 목재 생산에 대한 필요성을 느꼈고, 마침내 18세기에 확립된 기반(예를 들면, 슐라크발트비르트샤프트Schlagwaldwirtschaft라는 산림 경영 시스템) 위에 19세기 독일에서 과학적 산림 경영이 생겨났다. 과학으로서의 산림 경영을 발전시키는 것과, 독일의 땅주인들로 하여금 잘못된 경영 패턴을 바꾸게 하는 것은 별개의 문제였다. 그럼에도 1800년대 중반 동안 프랑스와 독일에서 임학 학교들이 설립되었다. 19세기 말과 20세기 초에 과학적 임업 관행은 유럽 전역과 그 식민지들로 퍼져나갔고(1906년에 영국령 인도 데라둔에 제국산림연구소가 설립되었다), 미국의 산림 경영에 영향을 끼쳤다.

문화 충돌

유럽의 과학적 임업 관행은, 목재와 여타 자원을 생산하기 위해 숲을 보존해야 할 필요성과, 특히 19세기 말부터 증가한 산림 자원 수요를 억제하지 않을 경우 광범위한 숲이 사라지고 황폐화될 거라는 예상에 근간을 두고 있었다. 이런 개념들은 열대 지역에 전달되어 적용되었다. 그곳에는 전통적 형태의 토지 소유 및 이용 관행이 있었지만 식민 행정 당국이 이를 인정하지 않거나 무시한 결과, 숲이 국가의 관리로 들어갔다. 유럽에서는 숲의 변화를 이야기할 때, 현재의 생물물리학적 조건에서 숲을 유지할 수 있다고 여겨지는 지역을 '본래의 산림 피복(original forest cover)'으로 간주하고, 여기서 벗어난 모든 경우는 인간에 의한 산림 파괴와 현지인의 잘못된 관리에 해당하는 것으로 본다. 이는 숲을 국가 관리로 넘기는 것을 정당화했다. 임학(forest science)과 보존주의 집단에서 계속 큰 비중을 차지하고 있는 이런 식의 내러티브는 전통적인 토지 관리 시스템의 타당성을 무시했다. 하지만 전통적인 토지 관리는 산림 황폐화와 벌채를 일으키기는커녕, 산림 피복을 유지하고 나아가 더욱 높였다.

화전농들이 열대림 파괴에 대한 비난을 뒤집어쓴 열대 지역이 특히 그런 경우다. 화전농은 숲의 일부를 제거하고 태운 다음 몇 년 동안 경작한 뒤 그 땅을 놀려 재생시키는 자급자족 농부들이다. 전 세계 화전농은 세계 인구의 약 1퍼센트인 몇 천만 명을 넘은 적이 없지만, 그럼에도 열대림 파괴에 대한 이들의 책임은 60퍼센트에 이르는 것으로 추산되었다. 사실 지난 세기에 산림 파괴를 추동한 요인은 여러 가지였다. 화전(이동경작)은 더 가시적인 원인 중 하나임은 분명하지만, 이보다는 소 방목, 농업 발전, 무차별 벌목, 경제 개발 사업, 도로 건설, 채광이 훨씬 큰 원인이다. 그런데도 산림 파괴에 대한 서구 세계의 설명에서 화전은 최근까지도 인구 성장과 함께 항상 강조되는 원인이었다. 서아프리카와 중앙아프리카의 산림 파괴에 대한 세계은행의 한 보고서는 이를 잘 보여주는 사례다. 그 보고서는 화전은 낮은 인구 밀도에서는 지속 가능하지만 "매우 빠른 인구 성장에 발맞추어 (…) 충분히 빨리 진화할 수 없었다. 따라서 화전은 시골 환경의 산림 파괴와 산림 황폐화의 주된 원인이 되었다"고 주장했다.

이런 견해는 지금 도전받고 있다. 화전은 낭비와 파괴를 일으키기보다는 자원 이용 효율을 극대화하는 한편 위험을 최소화하는, 지속 가능하고 정교한 토지 이용 시스템이다. 그동안 변화하는 사회경제적 조건, 증가하는 인구, 줄어든 토지 가용성 때문에 휴경 기간이 단축되고 산림 회복 시간이 줄었다. 이것을 근거로 토지 이용이 악화되고 산림이 붕괴할 것으로 예측했지만, 그런 붕괴를 나타내는 증거는 휴경 기간이 단축된 상황에서도 일반적으로 명백하지 않다. 화전이 (지속 가능한 관리 시스템이 아니라) 산림 파괴를 일으키는 문제로 개념화된 이유는 서양 과학이 오랜 역사를 가진 전통적인 산림 경작 시스템과 그 기반이 되는 지식을 이해하지 못했기 때문이다.

세계은행 보고서의 주제인 서아프리카의 산림 피복은 실제로는 변화하는 인간 활동과 기후 변화에 따라 오랜 시간 변동을 겪었다. 산림 파괴가 최근의 인구 팽창과 부실한 토지 관리 탓이라는 의견과는 반대로, 서아프리카의 숲-사바나 지대에 사는 사람들이 거주지 주변에 조각숲을 적극적으로 조성했으며, 나무가 없는 사바나 지대를 초원과 숲이 조각보처럼 이어 붙여진 곳으로 탈바꿈시키는 데 기여했음을 보여주는 유력한 인류학적 증거가 존재한다. 전통적인 관리는 숲을 보호하고 나아가 향상시키는 역할을 했다. 사냥꾼들은 농사철 초반과 중반에 불을 놓음으로써 농사철 후반의 더 치명적인 불을 예방했다. 가정집들은 정원에 선호하는 나무를 심어 마을 주변에 섬처럼 흩어진 숲들을 만들고 가꾸었다. 마을 규칙을 만들어 나무를 보호하고, 과방목을 막기 위해 방목과 휴경 일정을 지정했다. 농업의 확대가 흔히 주장하는 것처럼 필연적으로 대규모 산림 황폐화를 초래한 것은 아니었다. 아프리카 마을들이 산림 파괴 문제에서 자유롭다는 말이 아니라, 토지 피복이 변하는 과정은 서구적 개념이 떠올리는 것보다 더 복잡하다는 말이다.

1950년대부터 시작된 집약농업과 조림임업의 확대는 단지 오랫동안 계속된 자연림 상실 과정의 최종 단계일 뿐이다. 그렇지만 사라진 자연림 면적의 관점에서 보면, 오늘날의 산림 파괴는 주로 열대 지방에서 몇 십 년 동안 일어난 일이다. 원인은 대체로 산업체들이 전 세계 시장 수요에 부응해 농업을 확대한 것에서 찾을 수 있다.

세계 인구가 계속 증가하고 이와 함께 부(富)가 점점 증가하면서, 농산물뿐 아니라(특히 광범위한 목초지를 필요로 하는 고기), 목재와 광물 같은 다른 임산물에 대한 수요가 높게 유지되고 있다. 인간의 역사 내내 숲은 경관을 구성하는 중요한 요소였지만, 전례 없는 인구 압력에 숲이 거의 없는 새로운 경관이 형성되기 시작했다.

현재의 갈등, 미래의 걱정

오늘날, 인간 사회에서 숲이 가지는 가치들이 여전히 상충하는 가운데, 열대림의 보존과 개벌은 둘 다 빠른 속도로 계속되고 있다. 총괄적으로 보면, 숲이 열대 지역에서는 계속 개벌되는 반면 온대 지역에서는 다시 확장되고 있는 듯하다. 빠르게 증가하는 세계 인구를 부양해야 할 필요성 앞에서 숲이 농업을 위해 개벌되고 있다. 성장하는 세계 시장은 더 많은 목재와 그 밖의 다양한 임산물들을 요구하는데, 그런 자원들은 지속 가능하게 관리되는 경우도 있지만 대개는 그렇지 않다.

최근에 숲이 인류에게 광범위한 환경 혜택을 제공한다는 점을 강조하는 것이 유행이 되었다. 이 개념을 숲의 '생태계 서비스'라는 말로 축약할 수 있다. 일각에서는 생태계 서비스의 재정적 가치를 계산해 재무 회계 시스템 안에 내부화한다면, 경제적 근거로 숲 보존을 정당화할 수 있다고 주장한다. 반면 줄리아 힐은 인간의 타고난 자연 애호를 강조하는 학파를 대표한다. 에드워드 윌슨이 '바이오필리아(biophilia. 생물 애호)'라는 말로 대중화시킨 이 견해는 자연 세계를 개개인의 발달의 필수불가결한 일부로 여기는데, 숲은 자연 세계를 이루는 주된 요소이자 자연 세계의 강력한 상징이다. 반대로, 숲을 상실하는 것, 또는 도시화 추세와 기술 의존적 생활방식 때문에 숲에서 멀어지는 것은 개인의 심리와 사회구조적 웰빙에 심각한 영향을 미칠 수 있다.

숲에 대한 문화적 개념은 하나가 아니다. 모든 문화에서 숲에 대한 태도는 상충하고 모순되며, 공포와 두려움에서부터 순수함과 영적 심오함에 이르는 다양한 감정들을 아우른다. 그렇다 해도 인간은 오랫동안 자원을 얻기 위해 숲에 의존해 왔다. 하지만 산림 개발의 규모는 줄리아 힐 같은 사람들로 하여금 원시림, 노숙림, 자연림으로 인식되는 숲을 보존하기 위해서라면 어떤 극단적인 조치도 마다하지 않게 만들 정도다. 우리가 도시 정글을 좋아하든 시골길 드라이브를 좋아하든, 숲은 우리 경제와 문화의 일부이다. 최근 몇 십 년 동안 우리는 숲이 미래의 필수적인 일부이기도 하다는 사실 또한 깨닫게 되었다. 자연자원, 지구의 생물다양성, 세계 기후는 전 세계에 있는 숲의 안전에 달려 있다. 그렇다 해도, 인류의 문화적 · 정신적 역사에서 숲이 중심적인 역할을 한다는 사실은 우리의 손실이 경제적인 차원에 그치지 않을 것임을 암시한다.

제 2 장

여러 종류의 숲

숲의 정의

숲이란 무엇인가, 숲을 어떻게 정의하는가는 누가 정의를 내리는가에 따라 달라진다. 산림학자, 생태학자, 농부(또는 변호사, 도시 계획가, 미래 설계자)는 숲에 대해 매우 다른 개념을 가지고 있을 것이다. 마찬가지로 영국이나 프랑스 사람도 브라질이나 파키스탄 사람과는 다른 개념을 가지고 있을 것이다. 서로 다른 환경적·문화적 역사는 숲이란 무엇인가에 대한 사람들의 시각에 영향을 끼친다. 그러므로 전 세계에서 수집된 숲과 임지에 대한 정의가 800가지에 이르는 것도 놀라운 일은 아니다. 실제로 사람들이 숲을 여러 가지 목적으로 이용한다는 점, 그리고 숲의 유형이 다양하다는 점은 특정한 사회적 인식과 생물기후 지역에 따른 수많은 정의를 정당화한다.

그러면 각 지역에 적합한 많은 정의를 놔두고 하나의 통일된 정의를 가질 이유가 있을까? 한 가지 이유는 정의가 국가 및 국제 정책에 영향을 끼치는 데 있다. 기후 변화에 관한 교토 의정서는 "1990년 이후의 신규 조림(afforestation), 재조림(reforestation), 산림 파괴(deforestation)에 한해, 인간 활동에 의한 토지 이용 변화와 임업 활동으로 초래된" 온실가스 배출량을 보고하도록 요구한다. 숲의 정의(이에 따라 달라지는 신규 조림, 재조림, 산림 파괴의 의미)가 나라마다 다를 때 이 규약은 문제가 된다. 이런 차이를 설명할 수 없다면 우리는 세계 산림통계를 신뢰할 수 없을 것이다.

가장 간단하고 폭넓은 정의는 숲을 '나무로 덮인 지역'으로 보는 것이다. 우리 대부분에게 나무는 하나의 줄기를 가지고 있고 목질로 된 여러해살이 식물이다. 하지만 몇몇 국가들의 정의에 따르면 '나무'는 야자나무, 나무고사리, 대나무, 덩굴식물(줄기가 곧게 서지 못해 성장하기 위해서는 지지가 필요한 식물—옮긴이), 그루터기(stump), 움싹(coppice shoot. 그루터기 또는 뿌리에서 돋아난 새로운 줄기—옮긴이), 그 밖의 여러 식물 형태를 아우른다. 실제로 전 세계에 법적으로 인정되는 '나무'의 정의는 60개가 넘는다. 대나무는 대부분의 국가에서 풀이지만, 동아시아에서는 대체로 나무로 간주된다(그림 4). 반건조 국가들에서는 가장 흔한 목본식물인 관목(shrub, bush. 키가

2미터 이하이며 지하부에서부터 시작되는 주된 줄기 없이 많은 줄기를 가진 것. 작은키나무—옮긴이)도 나무의 지위를 가진다. 이 책에서는 간단히, '스스로 지지하고 단일 줄기를 가진 목본 식물'이라는 가장 엄격한 정의를 받아들이도록 하자. 이 정의에 따르면 (목질이 아니라) 섬유질 줄기를 가지는 야자나무, 나무고사리, 대나무, 그리고 스스로 지지하지 못하는 덩굴식물은 나무에서 제외된다.

숲을 정의하는 일에서 두번째 난관은 '나무로 덮인 지역'이라는 것이 무엇을 의미하는지 명확히 하는 것이다. 이것은 행정 단위를 의미하기도 하고, 토지 이용 유형, 또는 토지 피복 유형을 의미하기도 한다. 가장 재미없고 유용하지 않은 것이 행정 단위로서의 숲이다. 이 경우 숲은 나무가 있든 없든 법령에 그렇게 분류된 토지일 뿐이다. 국립 임지가 이 범주에 속한다.

토지 이용에 근거한 정의는 숲의 실용적 가치를 강조한다. 예컨대 미국 북서부 지방 환경청(Northwest Regional Environment Office)은 숲을 "연방정부가 소유한 토지 외에, 목재와 크리스마스트리를 포함한 다른 임산물을 생산하기 위해 이용되는 모든 상업적 종의 나무를 재배할 수 있는 토지"라고 정의한다. 이 경우에 숲의 용도는 목재 생산을 가리키지만, 다른 실용적 정의들은 그 밖의 임산물과 오락, 심지어는 보호 목

4. 일본의 대나무. 동아시아에서는 숲이지만 그 밖의 다른 지역에서는 숲이 아니다.

적까지 포함시킨다. 중국 국가임업국은 방풍림과 일부 과수원을 산림통계에 포함시키고, 한국은 과수원을 제외시킨다.

숲을 토지 피복 유형으로 해석하는 것도 모호하기는 마찬가지다. 우리는 사람이 거의 살지 않는 외딴 지역에 넓은 면적에 걸쳐 나무가 빽빽하게 심긴 곳을 숲으로 간주할 수 있지만, '넓은, 빽빽한, 외딴, 거의'의 의미는 해석의 여지를 남긴다. 토지 피복에 근거한 정의는 최소한의 임관 피복도〔임관林冠(숲 지붕)이란 많은 수관이 서로 붙어 있거나 겹쳐 있을 때 그 전체를 말한다. 수관이란 가지와 잎이 무성한 수목의 윗부분을 말한다. 임관 피복도란 수관의 수직 투영에 의해 덮이는 산림 지면의 비율을 말한다—옮긴이〕를 말하지만, 한계값은 1퍼센트부터 80퍼센트 이상까지 천차만별이다(표 1을 보라). 한계 임관 피복도가 바뀌면 보고되는 숲의 범위가 엄청나게 바뀔 수 있다. 2000년에 유엔 식량농업기구(FAO)는 개발도상국에 적용되는 정의와 맞추기 위해 선진국의 '숲'의 정의를 20퍼센트의 임관 피복도에서 10퍼센트로 변경했다. 몇 글자를 고친 결과 오스트레일리아의 산림 면적이 4만 제곱킬로미터에서 15만 8000제곱킬로미터로 증가했다.

생태적 측면에 초점을 두는 다른 정의들은 숲이 상호작용하는 생물들이 이루는 군집이라는 점을 강조하지만, 이 경우에도 쉽게 측정할 수 있는 기준을 고수한다. 따라서 브리티시

컬럼비아주 산림청은 숲을 "나무가 가장 눈에 띄는 구성원이고 수관 밀도가 10퍼센트가 넘는 복잡한 동식물 군집"으로 표현한다.

기준	최저값	최대값
숲 면적(헥타르)	0.01(벨기에)	100(말라위, 파푸아뉴기니)
임관 피복도(퍼센트)	1(이란)	80(말라위, 짐바브웨)
나무 높이(미터)	1.3(에스토니아)	15(짐바브웨)

표 1. 여러 나라에서 숲의 정의에 사용하는 한계값.

요컨대, 모든 해석과 목적을 만족시키는 단 하나의 정의는 없고, 정의가 다양하다는 것은 존재하는 숲 유형이 매우 다양하다는 사실을 반영할 뿐이다. 그렇다 해도 널리 받아들여지는 실효성 있는 정의를 갖는 것은 여전히 필요하다. 이런 점에서 토지 피복과 토지 이용에 근거한 해석을 모두 아우르는, 다소 복잡하나 널리 인정받는 FAO의 정의가 가장 적절하다(상자 2를 보라). 이 정의에 따르면 숲은 열대, 온대, 북방 지역에서 약 4200만 제곱킬로미터를 덮고 있다. 이것은 전 세계 지표면의 약 30퍼센트이다.

상자 2 유엔 식량농업기구가 사용하는 '숲'의 정의

숲: 수관으로 덮인 비율이 10퍼센트 이상이고 면적이 0.5헥타르 이상인 토지. 나무들이 원위치에서 다 자랐을 때 최소 5미터 높이에 이를 수 있어야 한다. 여러 층의 나무와 하목(undergrowth. 수관이 2단 이상으로 되어 있을 때 하층의 임관을 만드는 임목 — 옮긴이)이 지면을 높은 비율로 덮고 있는 울폐림(鬱閉林, closed forest), 또는 식물이 연속적으로 덮여 있고 수관으로 덮인 비율이 10퍼센트가 넘는 소림(疏林, open forest)으로 구성된다. 아직 10퍼센트의 수관 밀도에 도달하지 못했거나 5미터 높이에 이르지 못한, 어린 나무들로 이루어진 자연림과 임업 목적으로 조성된 모든 조림도 숲에 포함시킨다. 또한 통상적으로 임지의 일부를 이루고 있는 지역으로, 인간의 개입 또는 자연적 원인으로 인해 일시적으로 수목이 생입하지 않고 있을 뿐 숲으로 전환될 것으로 예상되는 무입목지(unstocked stand)도 숲에 포함시킨다.

숲은 많은 정의가 암시하듯 단순히 나무들의 집합이 아니다. 숲은 호수, 강, 초원, 소택지(marshland. 늪과 연못으로 둘러싸인 습한 땅—옮긴이), 이탄지(peatland. 이탄이 집적되는 습지—옮긴이), 여타 서식지를 아우르는 생태계다. 숲 생태계의 서로 다른 서식처들은 숲의 다양한 야생생물을 부양하는 일 외에도, 에너지와 영양소의 흐름을 통해 서로 긴밀하게 연결되어 있다. 예를 들어 북아메리카 태평양 연안의 북방림에서 나무 성장률은 대개 강 근처에서 훨씬 높다. 하변 지대(하천이나 강의 주변부—옮긴이)에 있는 나무는 질소 필요량의 24퍼센트를 강에서 얻는다. 연어가 이런 비료 효과를 촉진하는데, 연어들은 생의 대부분을 바다에서 보낸 뒤 자신이 태어난 깊은 북방림의 하천으로 떼 지어 돌아와 알을 낳고 죽기 때문이다. 연어 사체와 그 안에 축적된 해양 영양소들은, 배설물과 먹다 남긴 사체를 이리저리 흩어놓는 홍수와 동물들에 의해 숲의 곳곳으로 분배된다. 초식 곤충은 영양분이 풍부한 잎을 먹고 더 풍부해진다. 에너지 전달은 먹이 그물을 통해 계속된다. 노랑관상모솔새와 그 외에 숲에서 곤충을 먹고 사는 다른 새들의 밀도는 지역 하천의 연어 생물량과 관계가 있을 것이다.

기후와 토양을 바탕으로 우리는 숲의 분포, 구성, 역동성을 거시적으로 이해할 수 있다. 강수와 기온 둘만으로도 전 세계 지상 생물군계들을 뚜렷하게 구분되는 범주로 분류하는 유용한 틀을 충분히 제공할 수 있다(그림 5). 물론 이런 단순한 기후 모형은 진화사와 생물지리적 역사의 역할, 지형(지역적 기후를 바꾸고 배수에 영향을 끼친다), 토양(지질, 기후, 생물의 종합적인 효과를 반영한다)을 포함해 숲의 유형과 구성에 존재하는 국지적이고 지역적인 차이를 흐린다.

그래서 동일 기후를 가진 서로 다른 지역들에서 임상(林相, forest physiognomy. 숲의 겉모양, 숲 유형—옮긴이)과 구성에 뚜렷한 차이가 있는 숲들이 형성될 수 있다. 예를 들어, 아메리

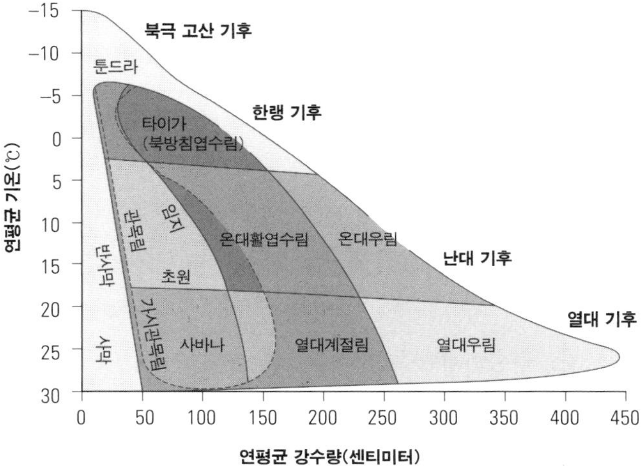

5. 기온과 강수에 따른 휘태커의 생물군계 분류.

카의 태평양 북서부 지역의 온대 우림은 침엽수가 우점(優占)하는 반면, 남반구(예를 들어 뉴질랜드와 남아메리카)의 온대 우림에는 활엽수가 훨씬 풍부하다. 그럼에도 둘은 여전히 기후에 의해 결정되는 같은 숲 유형에 속한다고 인식될 수 있다. 비슷한 숲들을 단 두 가지 기후 변수에 따라 쉽게 유형별로 분류할 수 있다는 사실은 두 변수가 숲의 구조를 결정하는 데 얼마나 중요한지를 잘 보여준다. 그러므로 기후는 세계의 식생을 이해하는 일에서 기본적인 출발점을 제공한다.

지금부터 우리는 아프리카 적도의 열대림에서 시작해 북극 툰드라 가장자리에 도착할 때까지 북쪽으로 가는 은유적 여행을 통해 전 세계의 주요 숲 생물군계를 탐험할 것이다. 도중에 하나의 주제에 대한 변주들을 살펴보기 위해 우회하거나 대륙 간의 도약을 시도하기도 할 것이다.

열대우림

1년 내내 따뜻하고 습하며 서리가 생기지 않는 기후를 가진 콩고 분지에서 여행을 시작해보자. 정말이지 뜨겁고 푹푹 찌는 날씨지만, 숲 하층은 그늘이 드리워져 열기를 피할 수 있다. 나무들은 키가 크고, 임관은 약 40미터 내지 50미터 높이에 이르며, 모두 상록활엽수다. 침엽수는 이곳에 없다. 모든 나무가 대략 비슷한 구조와 형태를 지닌 것처럼 보이지만, 미묘한 차이가 있어서 나무들이 저마다 다르고 여러 종류가 존재한다는 것을 충분히 알 수 있다. 가장 큰 나무들의 나무줄기는 직경이 1미터를 훌쩍 넘고, 일부는 안정성을 제공하는 거대한 판근(板根)으로 지지된다(그림 6). 줄기가 긴 목질의 덩굴식물들(그림 7)이 숲 바닥에서부터 지붕에까지 이르는데, 때로는 여러 나무의 수관을 누비며 이어진다. 큰 나뭇가지들은 고사리와 난초로 감싸여 있다(그림 8). 새가 많지만 높은 곳에 있어서 보기 어렵다. 영장류와 그 밖의 포유류들도 숲 지붕을 누비고 다니지만, 그들 역시 소리만 들릴 뿐 모습을 보기는 어렵다. 많은 곤충이 존재하고 모기가 유독 극성이지만, 적어도 동남아시아의 습윤림에서 우리를 괴롭히는 거머리는 이곳에 없다.

걸어서 통과하는 숲 하층은 어둡다. 빽빽한 임관이 햇빛의 대부분을 차단하는 탓이다. 이따금씩 가지가 부러져 떨어지거나 나무가 쓰러져 임관에 틈이 열린다. 그러면 숲 바닥으로 빛이 홍수처럼 쏟아져, 빠르게 부패하는 부러진 가지들을 둘러싸고 목본식물들과 어린 나무들이 무성하게 자라 숲 바닥을 덮는다. 숲이 열린 곳에는 나비도 많고 벌도 많다. 개미는 도처에 있다. 달콤한 냄새가 나서 둘러보면 숲 바닥에 떨어져 썩고 있는 과일을 찾을 수 있다. 그 위에 있는 나무에서 떨어진

6. 오스트레일리아 열대습윤 지역의 모스만 협곡에 있는 디소실룸 페티그루이아눔(*Dysoxylum pettigrewianum*)의 판근.

7. 보르네오 사바의 열대우림에서 임관을 향해 기어오르는 덩굴식물.

8. 보르네오 우림의 한 나무줄기에 붙어 자라는 착생 난초, 아그로스토필룸 마유스 (*Agrostophyllum majus*).

것이 분명하다. 개미, 나비, 다른 곤충들이 그 과일의 즙을 핥아먹는다. 하지만 과육에 작고 날카로운 이빨 자국이 찍혀 있는 것으로 보아 다른 누군가가 먹다 남긴 것이 분명하다. 숲 바닥에 있는 것의 대부분은 부패하는 중이고, 각양각색의 균류가 무성하게 자라고 있다. 비가 다시 내려 우리는 빽빽한 숲 지붕 밑으로 피하지만, 흠뻑 젖기는 마찬가지다. 거세고 빠르게 쏟아지는 비는 나무줄기를 따라 수없이 많은 작은 물줄기로 흘러내린다. 마침내 폭풍우가 지나가면 땅에서 수증기가 자욱하게 피어오른다.

보르네오에서 산책을 시작했더라도 우리의 경험은 대략 비슷했을 것이다. 하지만 그곳은 나무의 키가 더 크고, 임관의 높이가 약 50미터 내지 60미터이며, 유독 키가 큰 몇몇 나무들은 임관을 뚫고 80미터까지 솟는다(그림 9). 실제로 대부분의 사람들이 상상하는 열대우림의 원형은 높이 치솟은 보르네오 숲일 것이다. 나무도 콩고에서보다 훨씬 다양하다. 하지만 한 식물학자에 따르면, 숲 지붕을 이루는 나무들의 대부분은 다양한 종으로 구성된 딥테로카르푸스(Dipterocarpaceae. 차나무목에 속하며 22속屬으로 이루어진 과. 한국에서는 이 과의 식물을 볼 수 없다—옮긴이)라는 하나의 과에 속한다.

콩고로 다시 돌아와 북쪽으로 계속 걷다보면, 갑자기 나무들이 모두 엇비슷해 보이는 숲을 만나게 된다. 기후는 전과 흡

사하지만(우리는 그리 멀리 가지 않았다) 이 열대우림에 있는 거의 모든 나무가 한 종에 속한다. 열대우림은 풍부하고 다양하다는 우리의 관념을 배신하는 기이한 풍경이다. 이 숲은 분명 다양하지 않다. 우리가 와 있는 곳은 콩고 북동부의 이투리 숲으로, 길베르티오덴드론 데웨브레이(*Gilbertiodendron dewevrei*. 현지 사람들은 림발리limbali라고 부른다)라는 하나의 종이 임관의 80퍼센트를 차지한다. 하층은 림발리 나무들이 짙은 그늘을 드리워 무척 어둡고, 발밑의 낙엽도 전보다 훨씬 두텁다. 이런 조건에서는 림발리 외 어떤 종의 어린 나무도 자리를 잡을 수 없을 것 같다.

보르네오에 있었다면 우리는 딥테로카르푸스과에 속하는 스호레아 알비다(*Shorea albida*)(발라우balau)라는 한 종이 우점하는 이탄 토양 위의 숲을 만났을 것이다. 보르네오의 다른 곳이었다면, 임관이 겨우 15미터밖에는 안 되는, 척박한 모래 토양 위의 낮지만 무성한 히스림을 통과했을 것이다. 우리가 아마존 숲을 걸었다면 여러 종류의 수종에 어리둥절했겠지만, 여기서도 야자나무 외에는 별다른 것이 없는 숲 하층을 만났을 것이다. 혹은 길을 잘못 들어서 곤충과 동물이 거의 없고, 고맙게도 모기는 아예 없는 아주 조용한 리오네그로 분지의 숲을 만났을 것이다.

1년 내내 습한 적도 근처의 우림 지대를 떠나며 생각해보면

9. 보르네오 사바의 열대우림에 있는 키 큰 나무 쿰파시아 엑스켈사(*Koompassia excelsa*).

열대우림에는 여러 종류가 있다. 어떤 곳은 나무와 동물 종이 매우 풍부하고 다양한 반면, 어떤 곳은 오직 극소수의 수종으로만 구성되어 있어서 비교적 단조롭다. 지역적 차이도 있다. 딥테로카르푸스과 나무들은 아시아의 우림에서는 우점종이지만, 아메리카의 열대에는 거의 없다. 숲 유형의 국지적 차이는 그 장소의 날씨 패턴, 토양, 지질학적 조건, 고도 및 위도와 많은 관계가 있는 반면, 대륙들 사이의 지역적 차이는 수백만 년 전으로 거슬러올라가는 판구조 운동 및 진화의 역사와 관련이 있다.

열대산간운무림

우리는 콩고 분지의 동쪽 가장자리를 따라 나아가면서 계단식 대지를 오른다. 그 길을 따라 빽빽하게 경작된 지역들을 통과한다. 싱그러운 성장은 이 지역의 토양이 비옥하다는 증거다. 험난한 지형 위로 좀더 오르면 시원한 산간운무림이 나타난다. 이곳의 나무들은 옹이투성이고, 키가 작으며, 촘촘하게 서 있다. 잎은 저지대 나무들보다 훨씬 작고, 저지대에 내리는 열대 폭우 이후 여분의 물을 흘려버리는 길쭉한 잎 끝이 없다. 대기는 물을 잔뜩 머금고 있지만 비는 적다. 우리 머리 위로 드리운 숲 지붕은 겨우 몇 미터에 불과하지만, 1년 내내 걷히지 않는 안개에 가려 뿌옇게 보인다. 다른 식물 위에서 자라는 식물인 착생식물이 축축 늘어져 모든 나뭇가지에 걸쳐 있다. 하지만 저지대에서 본 판근으로 지탱되는 커다란 나무와 덩굴식물은 없다.

아름답고 거의 신비하기까지 한 숲이지만, 주변 풍경이 주는 기쁨도 잠시, 가파르고 미끌거리는 비탈과 촘촘하게 자리잡은 비틀린 가지들 때문에 앞으로 나아갈 수가 없다. 우리는 갈 길을 가늠하기 위해 안개 속을 뚫어져라 쳐다보다가, 잠시 쉬는 게 좋겠다고 결정한다. 우리는 쉬면서 안개에 대해 생각한다. 안개는 좌절감을 안겨주는 만큼 환상적이기도 하다. 바다 또는 저지대 숲에서 증발한 물은 따뜻한 기류에 실려 산으로 온다. 이곳에서 습한 공기는 산비탈을 타고 올라가면서 식는다. 수증기가 응축하면서 구름과 안개로 보이는 물방울들을 형성한다.

가장 인상적인 것은 착생식물들이다. 고사리, 난초, (아메리카 열대의 경우) 브로멜리아드가 이루는 두툼하고 축축한 매트가 우리가 보는 곳마다 나뭇가지를 덮고 있다. 페루의 산간운무림에서는 목조르는무화과 나무(strangler fig tree) 한 그루의 수관에서만 거의 200종의 난초, 고사리, 브로멜리아드가 발견되었다. 아시아의 운무림에서도 비록 브로멜리아드는 없지만 비슷한 다양성이 발견된다. 이런 식물 매트는 무수히 많은 무척추동물들의 집으로, 그들은 수십 년 동안 축적된 디트라이터스(detritus: 육생의 동식물 군락지 주변의 토양이나 수역에 쌓인 나뭇잎을 비롯한 다른 식물의 일부분, 동물의 사체, 폐기물, 유기물 쓰레기 등으로 이루어진 물질—옮긴이)와 부식(생물, 특히 식물의 고사체의 부식화에 의한 산물—옮긴이) 안에서 산다. 그리고 1년 내내 축축한 조건을 특히 좋아하는 수많은 양서류가 이 무척추동물들을 먹고 산다.

산간운무림들은 그 사이에 낀 더 온난한 저지대 지역들에 의해 서로·격리되어 있는 경우가 많다. 이런 지리적 · 열적 격리는 독자적인 진화 경로를 촉진했다. 그 결과, 산간운무림 종의 압도적인 수가 그 장소에만 있는 고유종으로, 대개 하나의 산 외에는 지구상의 어느 곳에서도 발견되지 않는다. 예컨대 아프리카 동아크산맥(Eastern Arc mountains)의 산간운무림에는 약 2000종의 식물이 사는데 그 가운데 800종이 고유종이며, 무척추동물의 80퍼센트가 이 지역의 한 운무림에서만 사는 것 같다. 산간운무림에서 보낸 시간은 춥고 축축하고 피곤했음에도 가치가 있었다.

열대계절림

우리는 열대우림은 1년 내내 습하다고 생각하는 경향이 있지만, 사실 1년 내내 습한 숲은 적도 근처의 숲뿐이다(심지어는 적도 지역에도 그렇지 않은 숲들이 있다). 우리는 적도에서 벗어나 특정 계절에만 습한 숲 지대로 들어간다. 연중 강우량이 적도 지대보다 적고, 점점 길어지고 있는 건기가 존재한다. 한 달 강우량이 100밀리미터가 채 되지 않는 건기가 몇 달 동안 지속되기도 한다. 특정 계절에만 습한 숲들은 1년 내내 습한 열대림만큼이나 고도가 높고 구조도 비슷하다. 물이 부족한 시기를 겪기 때문에 낙엽수가 더 흔하다. 나뭇가지는 난초와 고사리로 장식되어 있다. 신열대 지역(Neotropics. 남아메리카와 멕시코의 남부, 중앙아메리카, 카리브 제도로 이루어진 생태 지대—옮긴이)에서는 브로멜리아드가 나뭇가지를 덮고 있다. 비교적 건조한 날씨가 이어지는 몇 달을 제외하면, 계절림은 적도 지역의 열대림과 큰 차이가 없고, 계절림에서 열대우림으로 넘어가는 명백한 경계선도 존재하지 않는다. 계절림은 가장 광범위한 우림 형태로, 중앙아메리카, 브라질의 대서양 숲들, 그리고 아마존 남동부의 대부분을 덮고 있다. 또한 동남아시아 우림 지대의 가장자리, 몬순 시스템이 나타나는 인도 서고츠산맥과 오스트레일리아 열대습윤 지역에서도 계절림이 발생한다. 아프리카 열대습윤 지역의 대부분에 뚜렷한 계절림이 나타나지만, 건기의 예측 가능성은 다른 곳보다 떨어진다.

열대건조림과 사바나림

더 북쪽으로 갈수록 강우량은 계속 떨어지고, 건기는 길어지고 심해진다. 우리는 낙엽수가 더 많은 소림으로 들어가기 시작하지만, 변화는 점진적이다. 건기가 규칙적으로 6개월 이상 지속될 때 그 숲을 흔히 '열대건조림'이라고 부른다(그림 10). 이곳은 꽃의 다양성은 열대우림보다 떨어지지만, 그래도 한 지역에 수백 종의 식물을 포함할 수 있다.

한편, 열대건조림은 종 다양성이 매우 낮을 수도 있다. 우리가 적도에서 북쪽이 아니라 남쪽으로 갔다면 거의 모파인 나무(*Colophospermum mopane*)로만 구성된 모파인 숲을 만났을 것이다. 하지만 그보다는 종 다양성이 풍부한 미옴보 숲이 남아프리카에 가장 광범위하게 나타나는 열대건조림 유형이다. 미옴보는 그 숲을 이루는 가장 특징적인 식물인 브라키스테기아속(*Brachystegia*)의 다양한 종들을 부르는 지역 명칭이다. 미옴보 숲은 앙골라의 대서양 연안에서부터 잠비아, 말라위, 짐바브웨의 대부분 지역을 가로질러 모잠비크와 탄자니아의 동아프리카 연안까지 뻗어 있다. 이 광대한 범위에 걸쳐 숲 유형의 변화는 놀라울 정도로 적고, 브라키스테기아속과 그 외의 두 속인 줄베르나르디아속(*Julbernardia*)과 이소베를리니아속(*Isoberlinia*)의 종들이 그 지대를 우점한다.

북반구로 다시 돌아온 우리는 이제, 서아프리카의 대서양

10. 마다가스카르의 가시숲(Spiny Forest). 바오바브나무(*Adansonia rubrostipa*)처럼 물을 보존하고 저장할 수 있도록 적응된 나무들이 사는 건조한 낙엽수림.

연안에서부터 사하라 사막 남단을 동쪽으로 가로질러 에티오피아 고원 지대와 홍해 연안까지 좁은 띠처럼 뻗어 있는 건조림에 와 있다. 이 숲은 경작과 불태우기 같은 인간 활동으로 광범위한 변형이 일어난 탓에 군데군데 끊어져 있다. 숲의 대부분이 여러 차례에 걸친 개벌 뒤 회복된 2차 산림이라서 자연림으로 형성된 곳을 확실히 알아내기 어렵다. 그럼에도 우리가 지나쳐 온 습한 숲과는 명백한 차이가 있다. 이곳에는 덩굴식물이 없고, 나뭇가지를 장식하는 난초나 고사리도 없다. 숲의 키도 훨씬 작아서 높이가 20미터를 넘기 어렵다. 나무들은 널찍하게 자리잡고 있어서 충분한 빛이 하층까지 들어온다.

여기서도 기후, 토양, 진화사의 차이에 따른 지역적 차이가 존재한다. 서쪽으로 가면 활엽수가 흔하지만, 동쪽의 건조림에서는 아카시아 같은, 잎이 가는 종들이 우점한다. 우리가 오스트레일리아 오지에 있었더라도 많은 아카시아나무(*Acacia*)를 보았겠지만, 그곳에서는 유칼리나무(주로 유칼립투스속 *Eucalyptus*, 코림비아속*Corymbia*, 안고포라속*Angophora*)와 뱅크시아속(*Banksia*)의 종들이 그 숲에 독특한 오스트레일리아만의 분위기를 줄 것이다(그림 11). 아시아의 건조림에서는 열대 아시아의 대표적인 식물인 딥테로카르푸스과의 여러 종이 우점한다.

11. 오스트레일리아 퀸즐랜드주 칠라고 근처에 있는 건조한 사바나림. 아카시아속과 뱅크시아속의 여러 나무들로 구성되어 있다.

물이 점점 희소해지면서 풀이 더 풍부해지면, 우리는 건조림에서 임관 피복도가 20퍼센트까지 떨어지는 사바나림으로 이동한다. 이 지대를 덮고 있는 나무는 가뭄과 불에 적응되어 있다. 이런 건조한 사바나림은 남아메리카에서 널리 발생하는데, 이 지역에서는 세하도(cerrado. 사바나), 차코(chaco. 건조림), 카팅가(caatinga. 건조한 가시관목림)로 불린다. 사바나림은 아프리카 콩고 분지의 북쪽, 남쪽, 동쪽, 마다가스카르 남부, 인도와 동남아시아 대륙의 넓은 지대에도 광범위하게 분포한다. 오스트레일리아 산림 피복의 대부분도 이 범주에 속한다.

지중해림

우리는 사하라 사막을 건너 마침내 지중해 연안과 내륙의 숲에 이른다. 이 지역은, 여름은 뜨겁고 건조하지만 겨울이 습하고 온화해 나무가 자리를 잡을 수 있다. 키 작은 상록 관목 위로 상록 교목인 참나무와 올리브나무가 높이 솟아 있다. 이 나무들은 더울 때 물을 붙잡아둘 수 있도록 가죽처럼 질기고 두툼한 잎을 가지고 있다. 모로코 북부, 알제리, 튀니지의 언덕 지대와, 지브롤터 해협을 건너 스페인까지의 다양한 토양과 기후는 털가시나무(*Quercus ilex*)와 코르크참나무(*Q. suber*)로 이루어진 산림, 야생 올리브(*Olea oleaster*) 산림, 캐럽(*Ceratonia siliqua*) 산림을 부양하고, 더 온화한 저지대에서는 산다락나무(*Tetraclinis articulata*) 숲을 부양한다. 서리를 견딜 수 없는 털가시나무가 북유럽에 점점 흔해지고 있는데, 기후 변화가 그 식물의 확산을 촉진하는 탓이다. 모로코와 알제리의 아틀라스산맥 고지로 가면 웅장하지만 멸종 위기에 처한 광범위한 아틀란티카개잎갈나무(*Cedrus atlantica*) 숲이, 마찬가지로 멸종 위기인 바르바리마카크(영장목 긴꼬리원숭잇과의 포유류—옮긴이)의 보금자리를 제공하는 한편, 이베리아 반도의 코르크참나무 숲은 절멸 위기종인 스페인스라소니의 보금자리가 된다.

온대낙엽수림

울창한 열대림에 대한 기억을 안고 알프스산맥의 북쪽 비탈을 따라 유럽의 온대 지역으로 내려가면, 수종 다양성의 측면에서 다소 실망스러운 낙엽수림을 만나게 된다. 이 숲은 한 장소에 나무의 종류가 10종 남짓밖에는 안 되는 것처럼 보인다. 하지만 충분한 시간을 가지고 아래와 주위를 둘러보면, 숲바닥(林床)의 하층 초본식물들 사이에 매우 다양한 식물 종이 존재한다는 사실을 알게 될 것이다. 실제로 온대낙엽수림이 보유하는 식물 다양성의 약 90퍼센트가 숲 하층의 초본식물들에서 발견된다. 열대에서 본 무성한 목본 덩굴식물은 사라졌고, 나뭇가지에는 몇 종의 지의류(地衣類)와 이따금씩 작은 고사리들만 달려 있을 뿐이다.

한동안 머물 여유가 있다면, 이 숲의 독특한 특징 하나가 눈에 들어올 것이다. 이 숲은 강력한 계절성을 보이는데, 대부분의 나무가 잎을 떨군 채 거의 또는 아예 자라지 않는 겨울 동면기를 가진다. 이런 낙엽수들은 주로 참나무, 너도밤나무(*Fagus*), 자작나무(*Betula*), 서어나무(*Carpinus*), 물푸레나무(*Fraxinus*), 단풍나무(*Acer*), 밤나무(*Castanea*), 라임나무(*Tilia*)다. 고지대로 가면 이 낙엽수들이 물러나고 상록 침엽수가 들어온다(그림 12). 열대와 마찬가지로 온대림도 한 종류가 아니다. 지질, 토양, 지형, 노출의 차이가 인간의 오랜 토지 이용 역사와 맞물려 우리에게 여러 가지 숲의 군상을 제공한다.

북아메리카 동부 또는 일본의 온대활엽수림을 통과했다 해도, 우리의 경험은 피상적으로는 비슷했을 것이다. 이 지역들은 유럽과 같은 종류의 나무들을 여럿 공유한다. 북아메리카 동부와 동아시아 산림에 더 많은 종이 있지만, 그렇다 해도 우리는 북아메리카에서는 아스펜(*Populus*), 자작나무, 단풍나무, 느릅나무(*Ulmus*), 참나무, 너도밤나무를 알아볼 수 있었을 것이고, 일본에서도 참나무, 느릅나무, 물푸레나무, 단풍나무가 친숙한 숲 환경을 제공했을 것이다.

유럽 온대림의 모습에 인간의 관리가 영향을 주었다는 사

12. 스위스 티치노주에 있는 알프스 저지(低地)의 너도밤나무 낙엽수림. 멀리 상록침엽수림이 보인다.

실을 알아채기는 어렵지 않다. 관리의 역사가 산림의 구조와 구성에 새겨져 있지만, 그 언어는 암호와 같아서 해독하기 어려울 수 있다. 그럼에도 틀림없는 한 가지 특징은 가지가 여러 개인 나무가 풍부하다는 것이다. 많은 활엽수 종들은 열대림 또는 침엽수림의 나무들과 달리, 줄기가 잘린 뒤 뿌리와 그루터기에서 다수의 싹을 낸다. 이 현상은 유럽에서 땔나무, 울타리, 건축에 쓸 일률적인 크기의 통나무를 제공하기 위해 오랫동안 이용된 맹아림(萌芽林. 큰 나무를 잘라내고 움을 키워서 새로 만든 숲으로 왜림, 저림이라고도 한다—옮긴이)의 기초이다.

온대우림

영국을 통과해서 북쪽으로 좀더 이동해 스코틀랜드의 북서쪽 고지로 가면, 격리되어 보호를 받고 있는 연안의 작은 만과 골짜기에서, 아주 독특한 형태의 숲이 소규모로 군데군데 나타나기 시작한다. 우리가 열대계절림에서 많이 만났던 착생식물이 이곳에서 다시 보이기 시작하지만, 이 숲의 대표적인 착생식물은 참나무를 감싸고 있는 선태식물(선류moss와 태류liverwort)과 지의류다. 이곳 나무들 위에서 착생식물이 무성하게 자라는 것은 탁월편서풍(아열대 고압대에서 1년 내내 아한대, 저압대를 향해 부는 바람을 말한다. 지구 자전의 영향을 받아 북반구에서는 남서풍, 남반구에서는 북서풍으로 분다—옮긴이)을 타고 대서양 연안으로 들어오는 매우 높은 강우량 덕분이다. 이곳에는 비가 많이 내리는데, 비가 오지 않을 때조차 숲 하층까지 두터운 안개가 드리워진다.

실은, 스코틀랜드 서해안의 격리된 협곡에 군데군데 흩어져 있는 소규모 온대우림은 이런 숲 유형을 제대로 보여주지 못한다. 아메리카 북서부의 태평양 연안에 가면 온대우림의 진면모를 볼 수 있다. 이 숲에는 미송(*Pseudotsuga menziesii*), 서부솔송나무(*Tsuga heterophylla*), 미국가문비나무(*Picea sitchensis*), 자이언트측백나무(*Thuja plicata*) 같은 침엽수들이 엄청나게 높고 크게 자란다. 높은 겨울 강우량과 여름의 안개는 함께 이 숲을 1년 내내 습하게 유지한다. 이곳에 선류(蘚類. 솔이끼강)와 지의류가 매우 흔한 것은, 뿌리가 없는 이런 식물들이 겪는 물 스트레스를 덜어주는 높은 강우량과 습도 덕분이다. 큰 나뭇가지들은 이런 착생식물에 완전히 뒤덮여 있다.

남반구는 육지 대비 바다 비율이 훨씬 높아서 칠레와 뉴질랜드의 서해안 지역에 광범위한 온대우림이 형성될 수 있는 아주 좋은 조건이 만들어졌다. 물에 흠뻑 젖은 무성한 식생을 통과하는 동안 공기는 엄청나게 습하고, 착생식물도 흔히 볼 수 있다. 하지만 이곳 나무들은 남부너도밤나무(Nothofagus) 같은 남반구 분류군과, 남양삼나무과(Araucariaceae)와 나한송과(Podocarpaceae)의 침엽수들 같은, 북반구 사람의 감수성에는 친숙하지 않은 수종들로 구성되어 있다. 북반구 사람들에게 참나무와 너도밤나무가 친숙하듯 남반구 사람들에게는 이런 나무들이 친숙하다. 칠레의 온대우림에는 어마어마하게 키가 큰 아라르나무(*Fitzroya cupressoides*)가 높이 솟아 있는데, 이 나무들은 키가 70미터까지 자랄 수 있다. 한편 모든 온대우림의 하층에는 나무고사리가 흔하다. 남아메리카 남부, 오스트레일리아, 뉴질랜드 전역에 분포하는 남부너도밤나무, 나한송, 남양삼나무, 나무고사리는 태즈메이니아에서 발견된 피츠로야속(*Fitzroya*) 화석과 함께, 약 1억 8000년 전 이 대륙들이 쪼개지기 전 고대 곤드와나 대륙 전역에 연속적으로 존재했던 숲의 유산이다.

북방침엽수림

우리는 유럽으로 돌아와 북스코틀랜드에서 배를 타고 스칸디나비아를 건너 핀란드와 러시아 북부로 간다. 이제 우리는 북방침엽수림에 와 있다. 북방림은 알래스카에서부터 캐나다, 스칸디나비아, 시베리아, 중국과 일본 최북단의 일부 지역까지 북반구 전역에 걸쳐 있는 광범위한 숲 지대로, 타이가라고도 부른다. 이 숲들은 전 세계의 숲으로 덮인 지역의 29퍼센트를 차지하고, 땅 면적으로는 대략 1400만 제곱킬로미터에 이른다. 여름은 짧고 서늘하며, 겨울은 길고 춥다. 1년의 절반은 눈이 땅을 덮고 있다.

여기서 남쪽으로 이동하면 기후가 충분히 습할 경우에는 우리가 방금 갔던 온대림을 만날 것이고, 더 건조한 대륙 지역이라면 드넓은 초원이 펼쳐질 것이다. 우리가 서유럽의 온대림에서부터 북쪽의 북방림 지역까지 육로로 이동한다면, 명백한 변화를 포착하기보다는, 한 유형의 숲에서 다른 유형으로의 점진적인 변화를 보게 될 것이다. 반대로 북쪽으로 충분히 멀리 올라간다면, 우리는 결국 나무가 없는 툰드라에 이르게 될 것이다. 이곳은 영구 동토가 여름의 낮은 기온과 함께 나무가 광범위하게 자리잡는 것을 막는다.

북방침엽수림은 광범위한 지대에 걸쳐 구조와 구성이 놀랍도록 균일한 것처럼 보일 수 있다. 거의 모든 곳에서 임관은 단 네 개의 침엽수속으로 이루어져 있다. 가문비나무(*Picea*), 소나무(*Pinus*), 전나무(*Abies*), 잎갈나무(*Larix*)다. 자작나무, 포플러(*Populus*), 오리나무(*Alnus*) 같은 활엽수들도 있는데, 이 나무들은 대개 최근에 산불이 일어난 지역과 관련이 있다. 이 종들의 다수가 지구의 이 위도에서 항상은 아니더라도 거의 발견된다. 이런 광대한 범위와 종의 빈약함은 이 숲 유형이 변화가 없고 단조롭다는 것을 보여준다. 하지만 지형, 토양, 그 장소의 기후에 따라 천차만별인 복잡한 관목 군집이 존재한다. 또한 북방침엽수림 안에는 수많은 호수, 삼림습지(관목 또는 교목이 우점하는 습지—옮긴이), 습원(bog. 이탄이 집적되는 습지로, 습지에서 물의 이동이 거의 없는 경우를 말한다—옮긴이), 다양한 크기의 초원이 흩어져 있다.

이렇게 추운 환경에서는 그럴 것 같지 않지만, 의외로 산불이 북방침엽수림계에 중요한 역할을 한다. 때아니게 건조하고 온화한 날씨가 이어지는 시기에 산불이 발생할 수 있는데, 대개는 규모가 작지만 이따금씩 20만 헥타르 이상을 태우기도 한다. 산불의 빈도와 규모는 특정 지역 내에서조차 큰 차이가 있어서, 북방침엽수림의 경관은 흔히 회복과 성숙 단계가 서로 다른 숲들을 조각조각 이어 붙인 듯한 모자이크상을 보인다.

숲의 끝

타이가 건너편은 나무 없는 툰드라다. 우리의 여행은 이렇게 끝나지만, 숲을 강우나 계절성, 온도의 대략적인 패턴에 따라 쉽게 나눌 수 있다고 추정하지는 말자. 나는 유럽 중부에 있는 내 집을 나와 잠깐 산책하는 것만으로도 너도밤나무숲과, 활엽수와 침엽수가 혼재된 혼효림 모두를 볼 수 있으며,

13. 캐나다 노스웨스트 테리토리에 있는 '스코티 크릭(Scotty Creek)'의 북방림. 숲이 영구 동토 위에 가로놓여 있는 반면, 그 주변의 나무가 없는 습지에는 영구 동토가 없다.

차를 타고 조금만 나가면 유럽밤나무숲에 휩싸인 계곡, 또는 가문비나무숲에 둘러싸인 산비탈을 걸어서 지나갈 수 있다. 내 연중행사인 스코틀랜드 고지 여행 때 좀더 힘들게 걸으면 고대 소나무숲, 건조한 물푸레나무 숲, 참나무 온대우림을 볼 수 있다. 이 숲 유형들은 각기 기후보다는 지질에 따라 결정되지만, 과거의 관리도 중요한 원인으로 작용한다. 숲은 형태와 구성이 매우 다양하고, 따라서 그런 복잡성을 단순화한 형태 분류 체계를 문자 그대로 받아들여서는 안 된다.

제 3 장

숲의 기원

일종의 식물이 처음 번성하기 시작한 것은 약 6억 년 전 선캄브리아 시대 연안의 건조한 땅에서였다. 처음 땅을 지배한 식물은 균류와 조류가 공생하는 식물군인 지의류였다. 진정한 식물인 선태식물은 그보다 훨씬 늦은 약 4억 5000만 년 전에 나타났는데, 이들 역시 아직은 견고한 구조를 지지할 수 없는 작은 생물이었다. 숲의 기원은 약 4억 년 전에 진화한 한 중요한 혁신과 관계가 있다. 그것은 리그닌(lignin)이라 불리는 질긴 중합체로 강화된, 물이 통과하는 도관이었다. 이 강화된 물관은 구조적 지지를 제공함으로써 초기의 작은 포복성 식물이 크기를 키우고 똑바로 설 수 있게 했다. 숲 형성을 위한 가장 중요한 전제조건인 수지상(樹枝狀. 나뭇가지처럼 여러 가닥으로 벋어나간 모양—옮긴이)이 탄생한 것이다.

최초의 숲

수지상은 식물에 상당한 이득을 제공했다. 무엇보다, 수지상 식물은 리그닌으로 강화되지 않은 포복성 식물들에 비해 광합성을 하려면 필요한 빛에 더 잘 접근할 수 있었다. 토양이 축적되기 시작하고 뿌리가 더 복잡한 형태로 진화해 지하수를 찾아 더 깊이 파고들 수 있게 되면서, 우리가 나무라고 부를 수 있는 식물들이 수체 가장자리에서부터 퍼져나가기 시작했다. 약 3억 8500만 년 전에 이르러 나무가 전 세계로 널리 퍼지며 최초의 숲을 형성했다. 이것이 끼친 영향은 지대했다. 길고 가느다란 뿌리와 이제 광범위하게 퍼진 숲이 생산하는 많은 유기산(酸)이 함께 작용해 암석 풍화 속도를 수백 배 높이고 토양 형성을 가속화했다(상자 3). 식물 뿌리와 유기산은 암석의 규산염 광물의 풍화를 가속화해 이산화탄소를 해양 퇴적물 속에 가두었다. 그뿐 아니라 확장되는 숲 내의 식물 조직 속으로 이산화탄소가 동화되면서, 대기 중의 이산화탄소 농도는 향후 1억 년 동안 석탄기를 통과하며 10배 감소했다. 식물 조직은 잘 분해되지 않았는데, 그것은 리그닌이 잘 분해되지 않았기 때문이다. 축적되는 유기물은 그 대신 서서히 파

상자 3 암석을 부수는 식물

육상식물의 진화와 확산은 생명의 역사에 새로운 시대를 연 사건이었다. 그것은 지상생물권을 출현시켰을 뿐 아니라 대기권과 지권에도 지대한 영향을 끼쳤다. 식물은 암석 풍화 속도를 높인다. 육상식물의 출현은 특히 석탄기 동안 암석 풍화를 엄청나게 가속화했다. 이 과정에서 규산칼슘과 마그네슘칼슘이 이산화탄소와 반응해 탄산칼슘, 탄산마그네슘, 이산화규소(석영)가 된다. 풍화는 대기 중의 이산화탄소를 끌어내 그것을 탄산칼슘과 탄산마그네슘의 형태로 심해에 가둔다. 데본기 중기부터 석탄기까지(약 3억 8500만 년 전~3억 년 전) 이 과정은 대기 중의 이산화탄소를 10배 줄였고 지구의 기후에 영구적인 변화를 초래했다.

식물은 이 변화의 근본 원인이었다. 식물 뿌리는 영양소를 획득하기 위해 유기산을 분비해 광물을 분해한다. 낙엽이 부패할 때 생기는 탄산도 광물 용해에 기여한다. 증산작용에 의한 물 순환과 유기물이 풍부한 토양이 보유한 물은 물과 광물의 접촉 시간을 늘려 광물 분해에 더 유리한 조건을 만든다.

이런 특징들은 지상의 모든 관다발 식물의 공통점이지만, 풍화 속도를 점점 더하며 대기 중의 이산화탄소를 끌어내리는 속도를 한층 높인 것은, 석탄기에 매우 확장된 근계(根系. 식물의 땅속 기관 전체를 하나의 계로 보는 것 — 옮긴이)를 가지고 있고 훨씬 많은 생물량을 생산한 나무가 출현하면서부터였다. 게다가, 리그닌으로 강화되어 잘 분해되지 않는 나무가 매장되어 석탄으로 전환된 것도 이 시기에 대기 중의 이산화탄소가 감소하는 데 크게 기여했다.

묻혀 변화하면서 석탄의 형태로 갇혔다. 이는 대기에서 다량의 탄소를 거의 영구적으로 제거하는 효과를 초래했다. 이런 탄소 비축물을 이용해 건설된 현대 산업 문명은 리그닌과 지구 최초의 숲에 그 존재를 빚지고 있고, 지금 우리가 당면한 기후 변화 문제는 약 3억 8000만 년 전에 시작된 과정을 우리가 거꾸로 되돌린 탓이다. 하지만 우리는 감당할 수 있는 수준을 벗어나고 있다.

지구에서 가장 오래된 숲은 데본기 중기(3억 8500만 년 전)로 거슬러올라간다. 우리가 이 사실을 아는 것은 1920년대에 미국 뉴욕주 길보아 근교의 한 채석장에서 나무 그루터기 화석 수백 점이 살아 있을 때처럼 수직으로 선 상태로 발견되었기 때문이다. 이 그루터기 화석과 관련이 있는 가지 화석이 나중에 발견되면서 '최초의 나무' 에오스페르마톱속(*Eospermatopteris*)의 완전한 모양을 복원할 수 있었다. 리그닌으로 강화되어 있으나 목질은 아닌 이 큰 나무들 위로 목본 덩굴식물과, 석탄기에 크게 번성했던 식물 집단인 석송강(Lycopsida)의 수지상 식물이 기어올랐다. 숲 역사의 초창기를 보여주는 화석 증거는 몇몇 장소들에만 한정되어 있지만, 데본기 중기에는 저위도 온대 지역에 여러 종의 제법 큰 나무들이 자리를 잡고 널리 퍼졌던 것 같다(그림 14).

14. 데본기에 형성된 최초의 숲. 멸종한 식물군인 클라독실라강(Cladoxylopsida)에 속하는 에오스페르마톱속(*Eospermatopteris*)과 여타 나무들로 구성되어 있었다.

이 숲은 조용했을 것이다. 아직 육상 척추동물이 출현하지 않았으며, 최초의 곤충들은 이제 막 진화하기 시작했다. 하지만 디트라이터스를 먹는 다양한 톡토기류와 배각류(노래기류), 그리고 거미와 비슷한 절지동물과 순각류(지네류) 같은 포식성 동물이 있었다. 아마 벌레와 달팽이도 있었을 것이다. 하지만 이들은 화석으로 잘 보존되지 않아서 우리는 이들에 대해 잘 모른다. 데본기 중기의 숲에서 최초의 곤충이 출현했고 진정한 거미류와 육상 전갈도 출현했다. 하지만 데본기 나무들은 초식동물에게 먹히는 재앙은 겪지 않았다. 마찬가지로 어떤 생물도 아직 식물 조직을 이루는 셀룰로오스와 리그닌을 소화시키는 능력을 진화시키기 못했다. 초식동물들은 훨씬 나중에 특수화된 장내 미생물을 획득하고서야 이 일을 할 수 있었다.

석탄기(3억 5900만 년 전~2억 9900만 년 전)에 숲은 확실히 널리 퍼져 있었다. 우리는 이에 대한 풍부한 증거를 가지고 있는데, 그것은 전 세계에 있는 석탄층이다. 최초의 숲은 키가 10~35미터이고 줄기의 직경이 최대 1미터에 이르는 다양한 '나무들'로 이루어져 있었다. 이 나무들 가운데 일부는 우리에게 비교적 친숙한 것이었다. 뉴질랜드, 남아프리카, 오스트레일리아에 있는 오늘날의 온대우림에 가져다놓는다 해도 위화감이 느껴지지 않을 10미터 높이의 고사리가 그중 하나다. 하지만 데본기 말기와 석탄기에 살았던 나무 집단의 대부분은 오늘날의 숲 분류군과 거의 관계가 없다. 후자는 아직 우리가 알아볼 수 있는 형태로 진화하지 않은 상태였다. 그렇다 해도 과거의 수지상 집단들 가운데 일부는 비록 형태가 축소되긴 했으나 오늘날 살아 있는 친척 종을 두고 있다.

석탄기에 흔했던 한 나무는 인목속(*Lepidodendron*)이다. 이것은 거대한 석송으로, 현존하는 석송속(石松屬. *Lycopodium*)의 먼 친척이다. 화석으로 보존된 초기 인목속 숲이 여러 장소에서 발굴되었다. 가장 유명하고 쉽게 접근할 수 있는 곳은 글래스고의 빅토리아 파크에 있다. 이곳에 가서, 살아서 성장하던 상태로 보존된 11점의 인목속 나무 그루터기 화석을 보며 약간의 상상력을 발휘하면 고대 석탄기 숲의 모습을 그려볼 수 있다. 그 외에 다른 석탄기 나무들로는 현생 속새류의 거대한 친척 종들이 있었다. 이들 가운데 하나인 노목속(*Calamites*)은 약 20미터 높이에 이르렀으나, 그 밖에 다른 면에서는 전 세계의 숲 하층과 정원에서 자라는 작은 초본식물로 잘 알려진 현생 속새류와 형태상으로 비슷했다. 석탄기 후기(3억 1500만 년 전~2억 9900만 년 전)에 이런 나무 크기의 석송류와 속새류가 울창하고 광범위한 저지 늪림을 형성했다. 이 숲들은 전 세계 산림 피복의 3분의 2를 차지했을 것이다. 석탄기에 탄소를 저장함으로써 우리에게 산업혁명을 일으킨 엄청난 양의 석탄층을 제공한 것이 바로 이 숲들이다.

다른 석탄기 나무 집단들은 더 오래 지속되는 진화적 유산을 남겼다. 그중 가장 중요한 집단은 원시겉씨식물(Progymnosperm. 진화상 겉씨식물의 선구 식물—옮긴이)이다. 여기서 모든 현생 종자식물이 진화했고, 따라서 그것은 현생 숲의 초기 조상이다. 원시겉씨식물은 현생 침엽수와 닮은 나무줄기 구조를 가지고 있었고, 건조한 조건에 적응된 깊고 광범위하게 뻗은 근계, 곁가지, 긴 잎을 가지고 있었다. 이런 형질들 덕분에 이들은 저지 늪림 밖으로 범위를 확장해 더 높고 건조한 땅을 차지할 수 있었다. 이들의 형태는 석탄기 화석 기록으로 잘 알려져 있으며 20개 속에 이른다. 사실 아르카이옵테리스속(*Archaeopteris*) 같은 이 집단의 일부 구성원들은 데본기 중기로 거슬러올라간다. 따라서 아르카이옵테리스속은 '최초의 나무' 타이틀을 놓고 에오스페르마톱속과 겨룬다.

씨를 맺는 현생 침엽수 및 속씨식물과 달리, 원시겉씨식물들은 포자로 번식했다. 하지만 석탄기 후기에 씨를 맺는 나무들이 진화했다. 그런데 혼동하지 말아야 할 것은, 이들은 현생 종자식물의 조상이 아니라는 점이다. 코르데이타목(Cordaties. 3억 3000만 년 전~2억 5000만 년 전)은 아마 석탄기와 페름기의 숲에서 가장 키가 큰 나무였을 텐데, 나무줄기 화석을 측정해보니 30미터였다. 씨를 맺는 식물의 또다른 집단인 양치종자식물(pteridosperm)은 현생 나무고사리와 비슷했고(하지만 유연관계는 없다) 키가 10미터에 달했다. 따라서 석탄기의 절정기부터 페름기까지 속새류, 나무고사리, 석송류로 이루어진 광범위한 저지 늪림이 지표면의 대부분을 덮었던 한편, 더 건조한 고지대에서는 다양한 종류의 원시겉씨식물과, 진화적으로 적어도 두 집단에 속하는 종자식물이 자랐다.

초기 숲의 변천과 죽음

페름기는 과도기였다. 페름기 말로 향하면서 거의 1억 년 동안 지구를 지배했던 초기 숲의 구성에 변화가 일어났다. 새로운 식물 유형이 진화해 초기 형태를 대체한 것이다. 변화는 페름기-트라이아스기 경계에 걸쳐 있는 기간인 3000만 년(약 2억 8000만 년 전~2억 5000만 년 전) 동안 점진적으로 일어났다. 거대 속새류, 고사리류, 코르데이타목, 양치종자식물(그림 15)이 주로 자랐던 숲의 우점종이 원시겉씨식물 조상에서 진화한 새로운 형태의 씨를 맺는 식물들로 서서히 바뀌었다. 여기에는 침엽수와 소철류 같은, 지금도 존재하는 여러 주요 집단들이 포함되었다. 은행나무목(Ginkgoales)도 페름기에 번성했는데, 그 가운데 지금까지 남아 있는 유일한 종이 은행나무(*Ginkgo biloba*. 오염을 잘 견딘다는 점 때문에 도시 계획가들이 사

15. 오스트레일리아 은젤라에 있는 레베카나무고사리(*Cyathea rebeccae*) 임관. 페름기 후기 숲의 모습은 이와 비슷했을 것이다.

랑하는 나무)다(그림 16).

이 시기에 나뭇과의 총 다양성이 약 50퍼센트 감소했다(30개 과에서 15개 과로). 이 변화가 서서히 일어났다는 것은, 육상동물종의 약 70퍼센트를 사라지게 한 사건인 갑작스러운 페름기 말 대멸종(2억 5200만 년 전)이 식물의 진화에는 분명한 효과를 거의 미치지 않았음을 암시한다. 그럼에도 페름기 말 멸종 사건은 광범위하고 재앙적인 환경 변화를 초래했다. 그 구성에 관계없이 숲의 규모도 전체적으로 크게 감소했다. 실제로, 트라이아스기 초기에 형성된 석탄층은 알려져 있지 않다. 이 시기를 흔히 '석탄 갭(coal gap)'이라고 부르는데, 이는 그 이전에 늪림이 없었음을 암시한다. 또한 트라이아스기 초기의 퇴적암들은 그 시기에 퇴적 속도가 페름기의 그 어떤 시기보다 훨씬 높았음을 알려준다. 이는 침식의 규모가 훨씬 컸다는 뜻인데, 만일 숲이 광범위했다면 그렇지 않았을 것이다. 게다가 트라이아스기 초기의 기후는 매우 건조했다. 이 모두는 페름기 멸종 사건 뒤 숲이 폭넓고 빠르게 감소했음을 가리킨다. 하지만 숲을 구성하는 종의 진화적 이행은 이에 앞서 수백만 년 동안 서서히 진행되어왔다.

트라이아스기 초기의 경관은 대체로 숲이 빠져 있었고 나무조차 드물었을 것이다. 이때는 최초의 나무가 진화한 이래로 숲이 지구 생물군계의 구성원으로 자리매김하지 않았던

16. 아프가니스탄 이쉬푸쉬타의 쥐라기 초기 퇴적층에서 나온, 고대 은행나무(*Ginkgo cordilobata*)의 잎 화석. 약 1억 9000만 년 전.

유일한 시기였다. 약 500~1000만 년쯤 뒤 숲이 돌아왔고, 돌아온 숲을 지배한 식물은 최근에 진화한 구과식물, 소철류, 은행나무였다. 거대 속새류, 코르데이타목, 양치종자식물은 사라졌다.

종자식물의 부상

현생 종자식물은 주로 겉씨식물(침엽수)과 속씨식물(꽃 피는 식물)로 구성되는데, 이 두 집단이 전 세계 모든 숲을 차지한다. 두 집단은 페름기(2억 9900만 년 전~2억 5200만 년 전)에 세계의 땅덩어리들이 하나의 초대륙 판게아로 뭉치면서 일어난 환경 변화에서 기원했다. 판게아의 형성은 세계 기후에 복잡한 방식으로 영향을 끼쳤지만, 본질적으로 기후는 더 따뜻해지고 더 건조해졌으며, 대기 중의 이산화탄소 농도가 상승했다. 이런 배경에서 종자식물이 진화했다. 초기 종자식물에는 오늘날 전 세계 열대 지역과 온대 지역에 약 100종이 서식하는 소철목(Cycadales)과, 소철류와 겉모습은 비슷하지만 독자적인 진화 계통으로 추정되는 멸종한 집단 베네티트목(Bennettitales)이 있었다.

은행나무목(그림 16)을 포함한 겉씨식물은 페름기에도 있었지만 트라이아스기(2억 5200만 년 전~2억 100만 년 전)에 종수와 양이 급증했다. 이때 현생 침엽수 과들이 처음 진화해 다양하게 분화했다. 캐나다와 러시아의 북방침엽수림, 뉴질랜드의 나한송숲, 칠레의 남양삼나무(*Araucaria*)숲, 전 세계에 널리 퍼져 있는 냉온대 소나무숲은 모두 트라이아스기에 기원했다.

꽃 피는 식물, 즉 속씨식물은 백악기(약 1억 2500만 년 전)에 기원했지만, 제3기 초기까지는 전 세계 숲의 우점종이 되지 못했다. 이들은 오늘날 우리가 숲에서 가장 친숙하게 보는 나무들로, 온대 숲의 대부분과 열대 숲의 거의 전부를 이룬다. 하지만 속씨식물이 성공한 이유, 또는 이렇게 나중에 출현한 이유는 아직 분명하지 않다.

속씨식물의 진화와 확산에 앞서 쥐라기(2억 100만 년 전~1억 4500만 년 전)에 판게아가 북쪽의 로라시아와 남쪽의 곤드와나로 쪼개졌고, 이후 이 대륙들이 다시 쪼개졌다. 한 가설은 트라이아스기 말 지구 한랭화 시기를 거친 뒤, 판게아의 분열과 관계가 있는 증가한 화산 활동이 온실가스를 대기로 퍼냄으로써 속씨식물에 유리한 훨씬 따뜻한 환경 조건을 조성했을 거라고 제안한다. 공룡과 관계가 있다는 점에서 매력적인 또다른 가설은 공룡의 섭식 행동 변화, 즉 성숙한 침엽수의 임관을 뜯어먹는 것에서 어린 침엽수 묘목을 싹둑싹둑 잘라먹는 것으로의 변화가 침엽수의 재생을 제한했고, 그 결과 빨리 자라는 속씨식물이 자리잡을 기회가 생겼다고 주장한다. 불행

히도 증거는 이 이론을 반증하는 것처럼 보인다. 화석 기록은 초기 속씨식물이 이들의 정착을 도왔다고 추정되는 초식 공룡 집단들과 공간적으로 별로 중첩되지 않았음을 암시한다.

인기 있는 세번째 가설은 공룡이 아니라 곤충이 꽃 피는 식물의 다양한 분화를 도왔다고 제안한다. 꽃은 수분을 매개하는 곤충들을 끌어들이도록 진화했다. 꽃을 찾는 곤충들은 겉씨식물의 수분을 매개하는 바람보다 유전자 교환의 훨씬 더 효율적인 매개자다. 그러므로 꽃 피는 식물의 다양화는 아마도 곤충의 다양화와 관계가 있을 것이다. 곤충과 식물의 공진화(共進化)에 대한 화석 증거는 모호하다. 속씨식물이 다양화한 시기와 꽃을 찾는 주요 곤충 집단이 다양화한 시기가 잘 맞지 않기 때문이다. 수분을 매개하는 몇몇 곤충 집단들, 특히 벌과 나방은 특정 속씨식물 집단의 진화에 기여했을 것으로 추정되지만, 속씨식물의 전체적인 진화 시기는 곤충의 진화 시기와 쉽게 연결되지 않는다.

마지막으로, 최근에 제기된 한 이론은 백악기 동안 대기 중의 이산화탄소가 감소한 것이 속씨식물에서 훨씬 촘촘한 엽맥(잎줄)의 진화를 추동했고, 이것이 잎의 이산화탄소 동화 능력을 상당히 높였다고 제안한다. 더 촘촘한 엽맥은 더불어 식물이 엽록체에 물을 더 효율적으로 공급할 수 있게 했을 것이다. 그 결과 성장률을 높인 속씨식물은 침엽수와 여타 겉씨식물과의 경쟁에서 승리하면서 이들을 서서히 대체할 수 있었다. 또한 증산율도 더 높아졌는데, 이는 대기의 습도를 높여 우림 지역의 강우량을 늘림으로써 자기 강화적 되먹임 고리를 만들었다.

숲의 후반기

지난 6600만 년을 고려하지 않고는 오늘날의 숲의 분포와 다양성을 이해할 수 없다. 이 시기에 대륙들이 현재의 위치로 이동하면서 히말라야산맥, 알프스산맥, 안데스산맥 같은 산맥들을 형성했다. 이것은 많은 속씨식물 집단의 대규모 진화적 적응 방산을 추동했다. 세계 기후는 매우 온난한 상태에서 차츰 서늘하게 변했고, 이 추세는 일련의 큰 빙하기로 정점을 찍었다. 우리가 살고 있는 현재는 그중 온난한 시기이다. 해수면은 여러 차례 상승했다가 하강했다.

이런 배경에서 속씨식물이 계속 다양화하며 숲을 새로운 종으로 채웠다. 숲은 팔레오세 후기부터 에오세 초기까지(약 6000만 년 전~5000만 년 전) 극에서 극까지 확장되었고, 열대우림 또는 아열대우림이 대부분의 대륙으로 확장되면서 적어도 약 3000만 년 전 석탄기의 늪림 이후로는 가장 큰 규모의 숲을 형성했다.

우리가 열대우림의 상관(相觀. 식물생태학에서 어느 지역의 식물 군락 또는 생육하는 개체의 양상 및 외관을 가리킨다—옮긴이)을 가지고 있다고 인식할 만한 숲들이 아프리카, 남아메리카, 오스트레일리아, 남아시아, 동남아시아의 대부분 지역들뿐 아니라, 현재의 북아메리카 남쪽과 서쪽을 가로질러 온대 위도까지 확장되었다. 오늘날 미국 땅의 나머지 지역과 유럽 및 아시아의 대부분은 온대 분류군과 열대 분류군이 이례적으로 뒤섞인 아열대 계절성 습윤림으로 덮였다. 연안에는 북쪽으로는 영국까지, 남쪽으로는 태즈메이니아까지 맹그로브가 늘어섰다. 심지어 남극조차 오늘날 온대 지역에서 전형적으로 나타나는 숲으로 덮였다. 이 숲은 주로 지금도 칠레, 아르헨티나, 뉴질랜드, 오스트레일리아에 존속하는 남양삼나무속(*araucaria*)과 나한송(podocarp) 같은 상록침엽수와 활엽수인 남부너도밤나무(노토파구스속)로 구성되어 있었다. 주로 낙엽성 속씨식물, 낙엽성 침엽수, 일부 은행나무들로 이루어진 북극의 숲은 유럽, 아시아, 북아메리카의 북쪽 해안까지 확장되었다.

에오세(5600만 년 전~3400만 년 전)에 대규모 판구조 운동이 대륙의 분포를 바꾸어놓은 것은 전 세계 숲에 중요한 영향을 끼쳤다. 남극, 남아메리카, 오스트랄라시아(Australasia. 오스트레일리아 · 뉴질랜드 · 뉴기니를 포함한 남태평양 제도 전체를 가리키는 지명—옮긴이) 같은 남쪽 대륙들이 쪼개지기 시작했고, 남극은 극의 중심에 남은 반면, 남아메리카와 오스트랄라시아는 북쪽으로 이동해 지금의 위치로 왔다.

대륙의 분리로 올리고세 초기(약 3000만 년 전)에 남빙양에 남극순환해류 시스템이 형성될 수 있었고, 이는 남극을 따뜻한 적도 해류와 격리시켰다. 남극의 기온이 급감했고, 남극을 뒤덮은 온대림은 점점 감소하다가 결국은 성장하는 대륙빙상 아래로 몽땅 사라졌다. 또한 북대서양이 열림으로써 차가운 북극의 물이 남쪽으로 흐를 수 있었는데, 이 때문에 북반구의 중위도 지역과 고위도 지역은 식는 동시에 건조해졌고 이 지역에서 숲이 후퇴했다. 5500만 년 전에서 4000만 년 전까지 히말라야산맥, 티베트 고원, 안데스산맥과 로키산맥이 융기한 것을 포함해 산맥 형성 사건들이 세계적인 한랭화와 건조화에 기여했고, 이 추세는 약 5000만 년 전 에오세부터 지금까지 계속되고 있다(적어도 인간 활동으로 지구 온난화가 시작되기 전까지 계속되었다).

이런 판구조 운동과 기후 변화의 결과, 숲이 고위도에서 물러나기 시작했다. 약 3500만 년 전 냉기를 잘 견디는 소나무가 극지방에서 활엽수림을 대체한 한편, 남극의 빙하 작용이 시작되면서 남극 대륙에서 나무가 빠르게 줄어들다 결국 사라졌다. 상록 열대습윤림은 유라시아 중부와 북아메리카에서 후퇴하기 시작해 상록수와 활엽수가 섞인 더 건조한 숲으로 대체되었다. 약 1000만 년 전 열대우림은 대략 지금의 분포로 축소되었다.

이 무렵 최초의 풀이 나타났다. 이 사건은 그다지 중요하지 않아 보이지만 전 세계 숲에 심대한 영향을 끼쳤다. 풀은 뿌리 성장에 우선적으로 투자하는데다 물을 보존하는 많은 형태적·생리적 형질을 가지고 있어서 가뭄에 잘 견딘다. 풀은 또한 토양 가까이에 위치하는 엽신(잎몸)의 맨 아래 부분에 성장하는 끝단이 있어서 산불이 나거나 뜯어먹혀도 빠르게 회복할 수 있었다. 에오세 말(약 4700만 년 전)에 시작된 더 건조하고 서늘한 기후로의 변화는 풀에 유리하게 작용했다. 불이 잘 일어나는 경향과 거대한 무리를 이루는 포유초식동물의 진화는 둘 다 초원의 확산으로 촉진된 것으로 보이는데, 두 사건은 그런 영향에서 빠르게 회복할 수 있는 풀에 더욱 유리하게 작용했다. 사바나는 아직은 목질의 나무들이 있었지만, 열대와 아열대 지역에서 확산했다. 광범위한 온대 초원은 중위도 지역의 건기가 있는 내륙에서 숲을 몰아내기 시작했고, 이는 북아메리카의 프레리, 유라시아의 스텝, 남아메리카의 팜파스, 남아프리카 초원 지대(grassveld)를 낳았다.

제4기 빙하시대

에오세부터 대기 중의 이산화탄소 농도가 감소하면서 마침내 북반구에 거대한 대륙빙상이 형성되었고, 일련의 빙하기 가운데 첫번째 시대가 약 250만 년 전에 시작되었다. 빙하 작용의 주기가 적어도 10번 반복되었고, 긴 빙기 사이에는 비교적 짧고 온화한 간빙기가 있었다. 빙하시대의 환경 조건은 훨씬 더 추웠을 뿐 아니라 더 건조했다. 이런 조건은 유럽과 북아메리카에서 숲을 대폭 줄였다. 유럽은 나무 없는 툰드라로 덮였고, 숲은 이베리아와 유럽 남동부의 고립된 지역들(레퓨지아refugia: 빙하기처럼 대륙 전체가 변하는 시기에 비교적 기후 변화가 적어 다른 곳에서는 멸종된 것이 살아 있는 지역—옮긴이)에서만 명맥을 유지할 수 있었다. 북아시아의 대부분은 빙하가 축적될 수 없을 정도로 건조해서 빙하로 덮이지 않았지만, 광범위한 숲이 형성되기에도 너무 건조했다. 하지만 미국 동부 지역에는 소나무와 가문비나무로 구성된 산림 지대가 형성될 수 있었고, 일본에서도 숲이 명맥을 유지했다.

플라이스토세에 빙하시대가 찾아올 때마다 기온이 내려가면서 바다의 증발이 줄었고 이에 따라 대기 중의 습도가 떨어졌다. 그 결과로 초래된 건조한 환경은 아열대 산림 지대와 열대림을 마르게 했다. 아프리카에서는 사바나가 확장되었고, 열대우림의 형성은 예전 크기의 아주 작은 일부로 줄었다. 사막은 범위를 확장했다. 오늘날 열대림과 아열대림이 존재하는 서아프리카와 플로리다는 광범위한 사바나로 덮였다. 남아메리카와 동남아시아에서도 정도는 덜했지만 비슷한 변화가 일어났다.

동남아시아에서는, 고지대에 한때 있었던 (지금도 있는) 우림이 사라지고 더 건조하고 더 개방된 숲이 들어왔다. 하지만 해수면은 지금보다 약 100미터가 낮아서, 동남아시아 대륙붕의 많은 부분이 당시 육지로 드러나 우림이 형성되었다. 빙기에 고지대에서는 열대우림이 감소한 반면 해수면 하강으로 드러난 저지대에서는 우림이 팽창해 감소한 양을 상쇄했다. 그러다가 지금 우리가 사는 시대처럼 더 습하고 온난한 간빙기가 돌아오면 이 패턴이 뒤집혔다.

더 따뜻하고 습한 간빙기에는 유럽에도 숲이 돌아와 확장되었다. 자작나무, 소나무, 그 밖의 침엽수로 구성된 비교적 개방된 북방림이 유럽 중북부에 형성될 수 있었다. 참나무는 남쪽의 레퓨지아 밖으로 확장되었다가 건조한 빙기가 돌아오면 남쪽 군데군데에 다시 갇혔을 것이다.

오늘날의 숲

오늘날의 숲이 형성된 것은 마지막 빙기가 끝난 시점부터

상자 4 화분학(花粉學): 화분은 말을 한다

마지막 빙하기 말에 나무가 북쪽 위도로 다시 퍼져나간 사건을 우리는 어떻게 알까? 우리는 이탄층 또는 호수 퇴적물 내에 비교적 풍부하게 갇혀 있는 화분 알갱이를 분석함으로써 합리적인 추측을 할 수 있다.

화분(꽃가루)은 잘 분해되지 않는데다 대량으로 생산된다. 온대 숲의 경우, 1제곱킬로미터에서 매년 최대 10미터톤의 화분이 생산될 수 있다. 화분은 종에 따라 뚜렷이 구분되므로, 퇴적물 내의 화분을 분석하면(화분학) 그 지역에서 자란 수종들의 상대적 양을 시간순으로 알아낼 수 있다.

물론 바람이 수분을 매개하는 소나무 같은 몇몇 수종들은 곤충이 수분을 매개하는 호랑가시나무보다 훨씬 많은 화분을 생산한다. 그렇다 해도 우리는 이 차이를 대개는 교정할 수 있다. 화분 화석이 나타내는 나무가 여러 수종이 혼재된 숲을 형성했는지 개별 숲을 형성했는지 알아내기는 좀더 어렵다. 방사성 탄소 연대 측정으로 화분 화석층이 형성된 연대를 알 수 있으므로, 서로 다른 퇴적층들을 분석하면 과거의 식생을 재구성할 수 있다.

화분을 통해 추측해낸 식생 역사는 과거의 기후를 추측하는 데도 쓰일 수 있다. 식물 종은 저마다 특정 범위의 기온과 강우에 한정되어 자라므로 과거의 기후를 나타내는 대리 지표 역할을 한다. 북아메리카에서 화분 화석의 상대적 분포를 이용해, 과거의 서로 다른 시기에 대한 기후 지도가 작성되었다. 유럽의 경우는 인간이 영향을 끼친 역사가 길고 이것이 종 구성에 심대한 영향을 끼쳤기 때문에 기후를 재구성하기가 더 어려웠다. 하지만 그을린 씨 또는 목탄 같은 미세 화석들을 통해 인간의 토지 이용

흔적도 추적이 가능한데, 이런 화석들이 갑자기 증가한 시기는 산림 이용이 증가한 시기에 해당할 것이다.

라고 볼 수 있다. 지금부터 약 1만 년 전에서 1만 2000년 전, 홀로세 때였다. 실제로 기후가 온난해지고 빙하가 후퇴한 데 이어 북유럽과 북아메리카 전역에 숲이 돌아온 일은 자연사의 위대한 이야기로, 우리는 화분 화석 연구를 통해 그 이야기를 들을 수 있다(상자 4). 하지만 이 후빙기 홀로세의 식생을 다룰 때는 기후 변화의 영향뿐 아니라 인간의 영향도 고려해야 한다. 인간의 영향은 빙하가 물러나며 드러난 땅에 나무 종자와 인간의 발자국이 들어온 즉시 나타나기 시작했다. 현대 숲의 형성 과정은 농업, 작물화와 가축화, 나무 이용(목재와 땔감), 불 사용의 영향들과 분리할 수 없다.

1만 2000년 전 후퇴하는 빙하를 따라 북부 지역에 숲이 놀랍도록 빠르게 돌아왔다. 홀로세 초인 약 1만 1500년 전에는 낙엽수가 남쪽의 레퓨지아에서 나와 확장되기 시작했음을 화분 기록(그림 17)이 알려준다. 지금은 비슷한 예를 찾을 수 없는 수명이 짧은 여러 산림 군집들이 자리를 잡았다. 이 숲들을 구성한 나무들은 훗날의 산림 군집들을 형성한 생태적 경쟁 과정에 얽매이지 않고 오직 확산 능력에 따라 텅 빈 땅을 무게

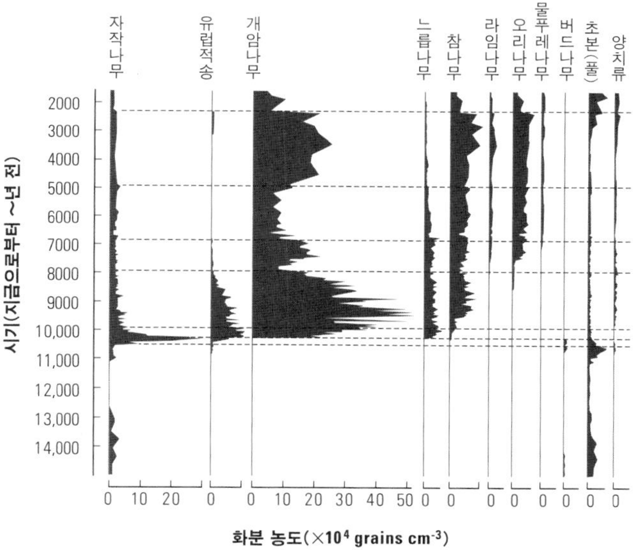

17. 잉글랜드 노퍽 호컴 미어(Hockham Mere) 지역의 절대 화분 개수를 나타낸 도표. 퇴적물에 포함된 화분의 상대적 양을 비교하면 홀로세에 서식했던 수종들의 흥망성쇠를 알아낼 수 있다. 이 도표를 보면, 빙하가 후퇴한 직후 자작나무가 급증했고, 바로 이어서 소나무와 개암나무가 들어왔다. 느릅나무와 참나무는 조금 늦게 도착해 자작나무와 소나무를 밀어낸 반면, 개암나무는 하층에서 계속 자리를 지킨 것 같다. 간간이 새로 들어온 다른 종들이 추가되었지만 6000년 전부터는 노퍽의 숲 구성이 상당히 안정된 상태로 유지되었다.

획적으로 점유했다. 약 1만 500년 무렵부터 숲을 점유한 초기 수종들은 향나무(*Juniperus*), 버드나무(*Salix*), 자작나무, 아스펜, 소나무였다. 뒤이어 개암나무(*Corylus*), 참나무, 느릅나무가 재빨리 들어와 초기 수종들을 대체로 북쪽으로 밀어내고, 9000년 전에는 유럽 전역에 광범위하게 정착했다.

8000년 전 낙엽수림은 북유럽을 가로질러 영국 제도와 스칸디나비아 남쪽까지 뻗어 있었고, 자작나무와 소나무로 구성된 북방림은 스칸디나비아 북부와 러시아로 밀려났다. 약 7000년 전부터는 물푸레나무, 라임나무, 오리나무 같은 새로 도착한 종들이 유럽의 숲으로 침투하기 시작한 한편, 참나무는 계속 퍼져나갔다. 너도밤나무와 가문비나무는 뒤늦게 도착해 계속해서 범위를 확장했고, 심지어는 지금도 확장을 계속하고 있다. 참나무와 소나무 숲은 지중해 건너로도 퍼져나갔으며, 올리브나무와 피스타치오(*Pistacia*)도 마찬가지였다. 약 4000년 전에는 유럽을 덮고 있던 주요 숲 유형들의 분포와 구성이 우리가 현재 알고 있는 것과 비슷했다.

북아메리카에서도 거의 똑같은 과정이 전개되었다. 하지만 그 과정은 좀더 일찍 시작되었고, 일부 지역에서는 유럽에서보다 늦게 끝났다. 주역들도 달랐다. 플라이스토세 말(약 1만 8000년 전 이후)의 온난화로 빙상의 두께가 얇아졌지만, 위도 40도까지 남쪽으로 확장되어 있던 빙하는 크게 후퇴하지 않았다. 북방림은 북아메리카 동쪽의 대부분 지역에 분포하고 있었고, 온대 낙엽수림은 멕시코만 주변의 더 따뜻한 남쪽 지역에 갇혀 있었다.

1만 4000년 전 이후 대륙빙상이 마침내 천천히 물러나기 시작했다. 침엽수와 활엽수가 혼합되어 나타나는 혼효림과, 참나무나 솔송나무(*Tsuga*), 히코리(*Carya*), 유럽밤나무(*Castanea*) 같은 종들로 구성된 더 남쪽의 온대 낙엽수림이 범위를 확장하기 시작했다. 북방림은 북쪽으로 밀려났고, 몇몇 경우에는 대륙빙상의 가장자리까지 밀려났다.

6000년 전 결국 빙하가 녹으면서 억눌려 있던 북방대가 북쪽으로 확장되어 지금과 같은 분포를 확립할 수 있었다. 이와 동시에 건조해진 기후는 초원과 초본식물을 동쪽으로 확장했고, 이로 인해 온대 낙엽수림은 북아메리카 동쪽에 국한되어 지금의 분포와 대략 비슷해졌다.

우리는 빙하시대 이후 열대의 식생이 어떻게 변했는지에 대해서는 잘 모른다. 열대는 분명 더 습하고 온난해졌고, 서아프리카와 동아프리카의 많은 사막 지역이 서서히 숲으로 덮였다. 홀로세 초(9000년 전~5000년 전)에 사하라 사막은 현재의 범위와는 사뭇 달랐고, 건조한 사바나림에 덮여 있었다. 그 사바나림에는 고대 암벽화와 조각이 보여주듯 기린, 사자, 영양, 코끼리, 하마, 악어가 돌아다녔다(그림 18).

18. 사슴을 그린 고대 암벽화로 알제리 남부 타실리나제르에서 발견되었다. 이 벽화의 연대는 약 5000년 전으로 추정된다. 당시 이곳은 이런 사바나림 종이 살 수 있는 훨씬 더 습한 환경이었음을 암시한다.

대륙빙상이 물러나면서 해수면이 상승한 결과 많은 열대 저지대가 습지가 되었고, 단순히 해수의 침입으로 육지가 사라진 탓에 동남아시아에서 열대우림의 범위가 대폭 줄었다. 하지만 숲은 후퇴하는 빙하를 따라 동아프리카, 뉴기니, 안데스산맥의 산 위로 올라갔다. 중앙아프리카, 동남아시아, 아마존의 건조림과 사바나는 다시 열대우림의 차지가 되었다. 플라이스토세 동안 나무가 없는 식생이 지배했던 남아메리카 저지대 지역들에는 서서히 숲이 우거지게 되었다.

카라자스, 파타 호수(Lake Pata), 그리고 아마존강 어귀의 해양 퇴적물에서 수집한 화분 코어(core) 시료(화분을 포함하고 있는 매질의 코어 시료—옮긴이)는 중앙 아마존 우림이 플라이스토세 동안 대체로 손상 없이 유지되었음을 알려준다. 따라서 흔히 말하는 것처럼 아마존 우림이 몇 곳의 고립된 레퓨지아로 물러났다가 이후에 다시 팽창했을 확률은 매우 낮다. 5000년 전부터 지구의 세차(歲差) 운동과 관련이 있는 태양복사의 감소와 이에 따른 기온 하락 때문에 아프리카 숲의 범위가 줄었을 가능성은 있지만, 열대습윤림의 분포에 일어난 변화들은 별로 크지 않았을 것이다.

(부)자연적인 숲

스위스 알프스의 빙하에는 이야기가 있다. 2003년 뜨거운 여름, 슈니데요흐 고개(Schnidejoch Pass) 위 약 2750미터 고지에서 녹고 있던 빙하가 신기한 물건들을 토해냈다. 그곳이 수목 한계선보다 300미터 높았으므로, 나무로 된 그 물건들은 누군가가 그곳에 두고 간 게 아니라면 거기 있을 이유가 없었다. 그 물건들은 신석기 시대의 화살대와 자작나무 껍질로 만든 화살통으로 밝혀졌고, 그러므로 그 물건들을 두고 간 누군가는 약 5000년 전 사람이다. 캐나다 유콘 테리토리 북쪽의 외딴 지역에 있던 빙하는 심지어 더 큰 은혜를 베풀어, 9000년 전의 나무창을 포함해 고대 공예품들의 보물 창고를 내놓았다. 노르웨이 오프달산맥에서 녹고 있던 빙하에서는 6000년 전 만들어진 화살을 완비한 긴 활이 발견되었고, 러시아 극동의 수목 한계선보다 훨씬 높은 장소에서 발견된 나뭇조각들은 그곳에 고대 사슴 사냥 탐험대가 다녀갔음을 암시한다.

여기서 피할 수 없는 결론은, 빙하가 후퇴하면서 드러난 땅으로 고산림과 북방림이 처음 확장된 때부터 사람들이 이 숲들의 목재와 동물 자원을 이용해왔다는 것이다. 북극권 가장자리에 접하고 있으며 사람이 살 수 없는 북쪽 끝에 위치한 머나먼 북방림을 사람들은 수천 년 동안 이용했으며 그곳을 통과해 이동했다. 그리고 그렇게 함으로써 그들은 이 지역 숲에 있는 나무의 밀도, 분포, 구성에 영향을 끼쳤다.

온대 지역도 마찬가지다. 이 지역에 사는 사람들은 불을 사용하고, 가축을 길들이고 몰았으며, 다양한 식물들을 재배했다. 이런 활동들은 숲에 공간을 열어 몇몇 수종들이 확산할 기회를 만들었다. 유럽에서 인류의 초창기 활동은 전나무, 자작나무, 가문비나무에 유리하게 작용했고, 지중해에서는 소나무에 유리했다. 신석기 사람들이 경쟁 종들을 제거한 결과, 호두나무(*Juglans*), 피스타치오, 올리브나무 같은 나무들이 그러지 않았을 경우보다 훨씬 광범위하게 퍼졌다. 신석기 인류의 벌채는 느릅나무병의 확산을 불러온 주범으로 지목되는데, 이 병으로 7000년 전과 6500년 전 사이에 유럽에서 느릅나무가 갑자기 쇠락하고 너도밤나무와 서어나무로 대체되었다.

이렇게 유럽에서 숲이 북쪽으로 확장되고 울창해지는 동안, 신석기 사람들과 그들이 가축화한 동물들은 숲을 개벌했으며, 고의적이든 아니든 일부 수종을 다른 수종보다 선호했다. 인류는 숲이 우거진 경관을 계속해서 바꾸었다. 따라서 우리가 오늘날 익숙하게 여기는 숲은 기후 변화의 산물인 만큼이나 인간 개입의 산물이다.

'태고의 모습'과는 거리가 있는 열대림

사람이 살지 않는 줄로만 알았던 섬들인데, 막상 와보니 수많은 정착지가 눈에 들어왔다. (…) 우리는 몹시 슬펐다.

1542년 6월 25일 스페인 선교사 가스파르 데 카르바할은 첫번째 아마존강 탐험을 기록한 연대기에 이렇게 썼다. 그가 와서 보고 너무도 실망한 정착지들에는 수많은 마을뿐 아니라, 넓고 잘 관리된 도로와 많은 인구를 보유한 도시들이 성벽에 둘러싸여 있었다. 적어도 광범위한 아마존강 유역만큼은 텅 비어 있지 않았다. 오히려 정반대였다. 16세기 초에 유럽인들이 정복하기 전 신세계에 살았던 토착민 인구에 대한 추정값은 최근에 4300만 내지 6500만 명으로 대폭 상향 조정되었다. 그 정도 규모의 인구를 먹여 살리려면 농업이 광범위하게 이루어졌어야 한다. 유럽에서 온 초기 이주민들의 목격담은 실제로 그랬음을 말해주고, 아메리카 대륙의 흙 속에 층층이 파묻혀 있던 불탄 유기물과 도자기 파편도 그것을 입증한다.

건기가 있거나 아니면 강에 가까운 열대림은 주변에 사람들이 있는 한 훼손되고 정리되고 불태워지고 잘렸다. 고고학적 증거는 아마존 계절림의 많은 부분이 유럽인이 도착하기 수백 년 전부터 경관에 큰 변형을 겪었음을 입증한다. 예컨대 아마존 남부에는, 싱구강 상류 지역(면적 400제곱킬로미터 지역 내)에 1500년 전 무렵 첫 이주가 시작되어 1000년에 걸쳐 인간이 거주했음을 가리키는 유력한 고고학적 증거가 존재한다. 정착지들은 집약 농업이 실시된 지역 내에 위치했으며, 정식으로 마련된 도로망으로 연결되어 있었다. 이런 고고학적 유적지들은 매우 비옥한 '테라 프레타(terra preta)' 토양(상자 5)과 관련이 있는 과일 나무들을 포함하는, 뚜렷이 구별되는 숲 유형과 관련이 있다.

인간의 개발에 전혀 노출되지 않은 채 태고의 모습을 간직한 광대한 열대림은 이제는 대개 신화로 간주된다. 열대림의 어느 곳을 보더라도 인간의 크고 작은 개입에 영향을 받은 흔적이 보인다. 인간의 개입은 대개는 사냥과 간헐적 거주에 그치지만, 때로는 도시화된 문명을 부양하기 위한 대규모 개벌로 확대되기도 했다.

하지만 지나친 확대 해석은 금물이다. 열대에서 인간에 의한 광범위한 토지 이용 변화는 대체로 건기가 있는 계절림 지역 또는 강가에 한정된다. 건기가 없는 열대림의 대부분은 자연의 힘에 크게 좌우되고 인간의 영향은 미미하다. 게다가 인간이 가볍고 짧게 거주한 뒤 자연적 재생이 장기간 이어지면서 숲은 인류의 유산을 거의 알아볼 수 없게 변했다. 버려진 땅에 숲이 돌아오면 인간이 숲에 가한 비교적 큰 변형조차 빠

상자 5 테라 프레타: 아마존의 비옥한 숲 토양

아마존 전역에 군데군데 나타나는 매우 비옥한 검은 토양은 그 주변의 척박한 풍화토와 조금도 비슷하지 않다. 이 테라 프레타 데 인디오(terra preta de Indio. 인디오의 검은 흙)는 4500년 전 콜럼버스의 신대륙 발견 이전의 경작이 남긴 유산이다.

흑토가 덮고 있는 면적은 좁게는 몇 헥타르, 넓게는 300헥타르가 넘고, 깊이는 대개 2미터를 넘는다. 많은 양의 바스러진 숯, 재, 풋거름(녹비), 몇몇 경우에는 어분(말린 생선가루로 비료, 사료 등에 쓴다 — 옮긴이)을 첨가해 비옥하게 만들어진 토양이다. 도자기와 뼛조각들은 흑토가 인위적으로 만들어진 것임을 입증한다. 흑토로 덮인 장소는 과일나무를 포함한 인간에게 유용한 종과 관련이 있는데, 이 역시 흑토가 인간의 유산임을 보여준다. 토양 개선이 의도된 것인지, 아니면 개간 작업과 쓰레기 처리에서 비롯된 우연인지, 또는 둘 다였는지에 대해서는 논쟁이 계속되고 있다. 어느 경우든 비옥한 흑토는 지금의 아마존 숲 중심부에서 높은 인구밀도를 이루고 살았던 콜럼버스의 신대륙 발견 이전 사람들을 부양했고, 그들의 존재는 '열대우림은 원생림'이라는 신화에 구멍을 낸다.

르게 지워질 수 있다. 1525년에 스페인 정복자 에르난 코르테스는 지금은 남멕시코와 과테말라가 된 마야 영토에서 열대림을 베어 길을 내느라 몇 주를 보냈다. 그 과정에서 그는 숲에 흩어져 있는 많은 소규모 가족 정착지들뿐 아니라 섬 도시

노지페텐(타야살)을 우연히 보았지만, 한편으로 오래전에 버려진 고대 마야 도시들의 폐허도 우연히 발견했는데, 그곳은 수백 년 된 숲으로 완전히 뒤덮여 있었다(그림 19).

완전히 개벌된 적이 없는 '1차' 산림과 구별하기 위해, 개벌된 땅에 정착한 숲을 '2차' 산림이라고 부른다. 물론 우리가 충분히 먼 과거로 돌아간다면 대부분의 숲이 어느 시점에 다시 성장했을 것이다. 중앙아프리카의 많은 숲들이 겨우 2500년 정도 되었고, 멕시코의 남유카탄 숲들은 약 1000년 전 마야 문명이 붕괴한 시점에 시작되었다. 1500년대 초에 푸에르토리코에 건설된 유럽인 정착지는 거의 완전한 숲 개벌을 동반했다. 하지만 1940년대부터 광범위한 농경지가 버려지면서 숲의 재성장이 시작되어 현재는 산림 피복도가 45퍼센트까지 회복되었다. 이 숲들의 4분의 3이 50년도 채 되지 않았다. 2차 산림의 구조와 구성이 '1차' 산림과 거의 구별이 불가능한 수준으로 변하는 데는 시간이 오래 걸리지 않고, 1차 산림과 2차 산림을 구분 짓는 기준을 객관적으로 결정하기는 어렵다.

우리가 '자연'림이라는 개념을 버릴 필요는 없다. 인간이 지배하는 경관이라는 맥락에서 '자연'림을 더 폭넓게 정의하는 것이 적절한데, 그렇게 정의한다면 자연림은 번식, 정착, 성장의 과정에 도움이 없었으며 자연적으로 이주한 수종들로 구성된 숲이다. FAO는 자연림에 대한 다른 정의를 사용하는데,

19. 과테말라에서 발견된 마야 도시 티칼의 폐허. 약 1000년 전 버려진 뒤 열대우림에 뒤덮였다.

그 정의에서 '자연 그대로'는 인간의 개입이 없는 경우 존재했을 가능성이 있는 조건과 비슷한 정도를 나타낸다. FAO도 인정하듯 이런 정의의 문제는 무엇보다도 그렇게 교란 받지 않은 숲이 존재하지 않으므로 분명한 준거점이 없다는 것이다.

그러므로 더 많은 경우 자연림은, 자연림의 특징들을 유지할 만큼 면적이 충분히 넓고, 마지막으로 인간이 개입한 이래로 자연적인 종 구성과 과정이 자리를 잡을 수 있을 만큼 충분히 오랜 시간이 지난 지역 전반에 걸쳐 (나무의 구성, 죽은 나무의 발생, 혼합 수령 구조, 자연적 재생 과정을 포함해) 자연림의 역동성을 보여주는 산림을 지칭한다. 하지만 숲은 인간의 개입과 별개로 매우 역동적이고 변화무쌍해서, 단 하나의 '자연적' 상태를 찾아내기란 지난한 일이다.

제 4 장

교란과 역동성

숲은 항상 변화하는 상태이고, 어떤 숲의 자연 상태는 토머스 하디의 말을 빌리면 오직 "지금 이 시점, 바로 이 공간"에만 적용된다. 어떤 교란은 산불이나 폭풍처럼 극적이다. 한편 나무 질병 같은 다른 교란들은 숲속으로 느리게 퍼지기 때문에 만성적이고 모호하다. 산림 경영의 목표는 대개 이런 교란들로부터 숲을 보호하는 것이었지만, 우리는 그렇게 하는 과정에서 숲 생태계 작동의 일부인 변화 과정을 교란했다. 숲이 실제로 얼마나 역동적인지 알기 위해 우리는 수십 년에 걸친 숲의 일생을 따라가볼 필요가 있다.

레이디파크우드의 40년에 걸친 변화

웨일스에 있는 레이디파크우드(Lady Park Wood)는 아마도 완전히 개벌된 적이 없을 것이다. 그렇다고 해서 완전한 자연림은 아니다. 수백 년 동안 이 숲을 경영하면서 키가 큰 참나무와 너도밤나무를 우선적으로 키우고, 물푸레나무나 느릅나무, 라임나무를 잘라내 숲 하층을 조성했다. 하지만 1902년부터는 불개입 정책에 따라 그냥 내버려두다시피 했다. 100년 동안 산림 경영이 없었다는 것은 자연 그대로에 가까운 상태에서 숲이 거치는 경로를 이해할 수 있는 이상적인 기회를 제공한다. 레이디파크우드나 그것과 비슷한 많은 온대림의 운명은 결코 예측 가능하지 않은 것으로 밝혀졌다. 1970년까지 수십 년 동안 빠르게 성장하는 너도밤나무가 다른 종을 누르고 이 숲의 우점종이 되었다. 너도밤나무 임관이 숲을 뒤덮어 하층에 닿는 빛을 크게 줄이면서 관목은 서서히 사라졌다. 하지만 너도밤나무가 모든 곳에 정착할 수는 없었는데, 숲의 일부는 토양이 얕은 가파른 비탈에 위치해 너도밤나무가 잘 자랄 수 없었기 때문이다. 그런 장소에서는 정기적으로 쓰러지는 나무들 덕분에 충분한 빛이 하층에 닿아 무성한 관목층을 키워낼 수 있었다. 그렇다 해도 이 시점에는 레이디파크우드의 대부분이 성숙한 너도밤나무 숲으로 발전하고 있는 것처럼 보였다.

일련의 사건들이 모든 것을 바꾸었다. 1970년대 초에 느릅나무가 병에 걸려 죽기 시작하면서 임관이 열리자, 빠르게 자라는 자작나무가 득을 보았다. 1976년에는 심각한 여름 가뭄이 들어 성숙한 너도밤나무들이 대거 죽으면서 임관에 틈이 벌어졌다. 임관이 열리자 살아남은 너도밤나무들 가운데 다수가 바람에 노출되어 쓰러졌고, 그 결과 임관에 더 많은 공간이 열렸다. 자작나무는 이 틈을 이용할 수 없었는데, 그 역시 1976년 가뭄으로 심하게 약해져 있었기 때문이다. 1981년 4월에 내린 늦은 폭설은 살아남은 많은 자작나무들을 찌부러뜨렸다. 많은 어린 라임나무들도 폭설에 짓눌렸지만, 이들은 대체로 쓰러진 줄기에서 새순을 내어 회복했다. 1983년에는 어린 너도밤나무 싹이 동부회색다람쥐(청설모의 일종—옮긴이)들에게 갉아먹혀 죽었고, 2년 뒤 이례적인 규모의 밭쥐 대발생(병해충이 넓은 면적에서 일시에 많이 발생함을 일컫는 말—옮긴이)으로 너도밤나무 묘목이 거의 다 죽었다. 이런 일련의 사건들로 너도밤나무는 대폭 줄어 이제 그 숲은 물푸레나무와 라임나무가 우점종인 숲이 되고 있는 것처럼 보인다. 최근에 발생한 물푸레나무마름병이 물푸레나무의 수와 활력을 대폭 줄이지만 않는다면 그렇게 될 것이다.

숲은 인간의 짧은 시간 척도에서도 역동적이다. 고작 몇 십 년에 걸친 레이디파크우드의 최근 역사만 보더라도, 자연 그대로의 상태에서 숲의 종 구성이 얼마나 유동적인지를 알 수 있다. 이 경우에는 우연히 발생한 기후 및 생물 교란에 따라 너도밤나무의 우점에서 물푸레나무-라임나무의 우점으로 바뀌었다. 겨우 며칠 지속된 때늦은 폭설 사건처럼 어떤 교란은 매우 짧은 반면, 느릅나무마름병과 물푸레나무마름병 같은 다른 교란들은 더 만성적이고 심지어는 영구적이기도 하다. 하지만 둘 다 지속적인 유산을 남기는데, 이는 숲의 역동성에 영향을 끼쳐서, 숲의 장기적인 구조와 구성을 확실히 예측하는 것을 매우 어렵게 만든다.

레이디파크우드가 보여주듯, 여러 종류의 교란이 숲을 괴롭히고, 이런 교란들은 숲의 구성과 구조에 강력한 영향력을 행사한다. 숲이 겪는 교란 체제(disturbance regime), 즉 교란의 유형, 빈도, 강도는 숲의 우점종이 빠르게 성장하는 종의 어린 나무들이 되느냐, 아니면 심각한 교란이 자주 발생하지 않으면 서서히 다른 종을 누르고 결국에는 몰아낼 수 있는 오래된 나무들이 되느냐를 결정한다. 교란은 모든 나무에 동일한 영향을 끼치지 않는다. 예컨대 어떤 수종은 산불에 잘 적응되어 있는 반면, 다른 수종은 완전히 연소된다. 수목병은 흔히 매우 종 특이적이라서, 병에 걸리지 않은 종이 병에 취약한 종이 차지하던 지역으로 확장될 수 있는 기회를 제공한다. 강한 바람은 중간 수령의 나무를 쓰러뜨리는 경향이 있어서, 가장 큰 나무와 가장 작은 나무는 대체로 영향을 받지 않는다. 또한 교란의 결과는 운에 좌우될 수 있다. 다시 말해 하필 그때 그 장소에 있었던 것이 운명을 좌우하기도 한다.

강풍

다른 곳보다 바람이 많이 부는 지역에 있는 북반구의 온대림은 바람과 관련한 다양한 교란 현상에 정기적으로 노출된다(그림 20). 심각한 뇌우는 차갑고 밀도가 높은 공기의 하강돌풍을 일으키는데, 이 돌풍은 땅을 치며 사방으로 퍼진다. 하강돌풍이 한번 불 때마다 나무는 심각한 피해를 입는다. 뇌우가 지나가는 길을 따라 숲은 군데군데 피해를 입는다. 때로는 유달리 강한 폭풍이 발생해 광범위한 피해를 일으키기도 한다. 1977년 위스콘신 북부에서 발생한 플램보 폭풍은 26차례의 하강돌풍을 일으켜 14만 헥타르의 숲에서 임관의 50퍼센트 이상을 제거했다. 이 폭풍과, 1995년과 1999년에 두 차례 모두 미네소타 북부에서 일어난 비슷한 두 번의 폭풍은 그동안 관측된 폭풍들보다 규모가 10배나 컸다. 이는 이런 폭풍의 규모가 커지고 강도가 세진 것이 기후 변화와 관련이 있음을 암시한다.

사이클론(열대성 저기압—옮긴이)은 오스트레일리아의 열대

20. 독일의 바바리안 국립공원에서 강풍에 쓰러진 독일가문비나무(*Picea abies*).

습윤대처럼 해안 부근의 열대림을 파괴한다. 심각한 산림 피해는 대개 사이클론이 지나가는 길에서 50킬로미터 반경 안에서 일어나고, 이 반경 안에서도 피해는 고르지 않아서 숲의 많은 부분이 피해를 입지 않는다. 피해를 입지 않은 숲 지역은 숲 재생을 위한 중요한 종자 산지가 되고, 숲 동물에게 피난처를 제공한다. 이는 인접한 지역의 피해 입은 숲의 회복을 촉진한다.

일각의 추측에 따르면 지구 온난화가 이번 세기 말 열대성 저기압의 강도를 20퍼센트까지 높일 것으로 예상된다. 만일 그 결과가 더 광범위한 산림 피해라면, 숲의 회복에는 한층 더 오랜 시간이 걸릴 것이다. 또한 사이클론의 강도가 증가하면 야자나무처럼 강풍에 잘 견디는 종과, 교란된 조건을 더 잘 견디는 종들이 유리할 것이다. 후자에는 빠르게 자라지만 수명이 짧은 나무들, 덩굴식물, 잡초가 포함된다. 이러한 종 구성 변화는 숲의 성격을 완전히 바꾸어 숲의 생물다양성뿐 아니라 영양소, 탄소, 물의 순환에 영향을 끼친다.

산불

고대 그리스인들은 물, 흙, 공기와 함께 불을 우리 주변 세계를 이루는 기본 원소들 중 하나로 꼽았다. 일반적으로 식물이 있는 곳에서는 불이 일어난다. 숲도 예외가 아니며, 광대한 지역들에 걸쳐 있는 북방림과 열대건조림의 구조 및 구성은 번개가 일으키는 자연 발생적 산불이 만들었다 해도 과언이 아니다. 인간은 수천 년 동안 불을 사용해 자신들의 필요에 맞게 숲 경관을 관리해왔다. 예컨대 오스트레일리아의 경관은 수만 년 동안 원주민이 사용한 불에 의해 형성되었다. 불이 관리 도구일 때는 한곳으로 몰아넣거나 방향을 정할 수 있고, 빈도도 조절할 수 있다. 하지만 자연 산불은 완전히 무계획적이다. 자연 산불은 종류와 강도, 공간적 규모, 한 장소에서 발생하는 빈도가 다양하다.

자연 산불의 대다수는 낙엽을 통해 발생해 떨어진 잎, 잔가지, 줄기, 나무껍질, 풀 같은 하층식물을 태운다. 이런 산불(지표화地表火)은 매우 가볍고 천천히 움직이므로 산불의 선단을 앞질러 차단할 수 있다. 그런데 건조한 연료가 충분하고 바람이 도울 경우 가벼운 표면화가 순식간에 강한 산불로 발달해, 숲 바닥에서 수 미터 높이에 있는 죽은 나뭇가지를 태울 수 있다. 심각한 수관화(樹冠火)는 훨씬 드물다(그림 21). 수관화는 큰 지표화가 수관으로 뛰어올라 나무 꼭대기로 지나가는 대규모 화재를 일으킨다. 이런 산불은 광대한 지역으로 확대될 수 있다. 북방림에서는 강한 수관화가 1만 헥타르를 쉽게 태울 수 있고, 때로는 40만 헥타르 이상을 태우기도 한다. 표면

21. 한국에서 헬리콥터로 산불을 진압하는 모습.

화는 범위가 훨씬 한정적이라서, 고작 몇 헥타르를 태운 뒤 불을 유지하기에는 불충분하게 건조된 연료가 존재하는 젖은 장소, 시내, 도로, 또는 인위적으로 구축된 방화선(fire break)을 만날 때마다 점점 쇠하여 꺼진다.

숲의 가연성은 일률적이지 않다. 온대활엽수림에서는, 건조한 낙엽과 성긴 조직의 목질 쇄설물이 가벼운 지표화를 일으킬 수 있는 반면, (침엽수에 비해) 잎의 수분 함량이 상대적으로 높아서 수관화는 잘 일어나지 않는다. 과거에 북반구의 온대활엽수림에서 크고 강한 수관화가 일어난 적이 있지만(1871년 10월에 약 50만 헥타르를 태운 위스콘신주의 페시티고 화재), 차곡차곡 쌓여 산불의 연료가 된 남겨진 벌목재(logging slash)가 건조한 날씨에 마른 뒤 발생한 것이다. 현대의 산림 경영 아래에서는 광범위한 지역에 벌목재를 남겨두지 않으므로, 이런 숲에서 큰 화재가 다시 일어날 일은 없을 것이다.

반면 북반구의 침엽수림은 임관에 잎이 무성하고 숲 하층에 축적된 연료가 많다. 이 숲들은 건조한 시기를 거친 뒤 화염 길이가 20미터가 넘는 강한 수관화를 겪을 수 있다. 이런 수관화는 통제가 불가능해서, 연료를 다 소진하거나 비나 눈이 내려 꺼져야 비로소 멈춘다. 지표화는 사람이 일으키고 끌 수 있지만, 수관화는 오직 일으키기만 할 수 있다는 말이 있다. 북반구 침엽수림에서는 일반적으로 경관의 97퍼센트가 가장 큰 3퍼센트의 산불에 의해 소실된다. 따라서 산불 진압으로 끌 수 있는 97퍼센트의 산불은 설령 진압하지 못했더라도 경관의 3퍼센트에만 영향을 끼쳤을 것이다. 가장 큰 3퍼센트의 산불을 통제하기란 거의 불가능하지만, 거의 모든 피해가 이런 산불에 의해 일어난다. 그러므로 화재 예방은 숲 보호의 중요한 요소였다. 미국에서 산불 방지를 홍보하기 위한 아이콘으로 1944년에 만든 '짙은 회색곰(Smokey Bear)'은 수 세대의 미국인들에게, 산불은 통제하는 것보다 예방하는 것이 중요하다는 생각을 각인시켰다.

산불 체제의 또다른 특징은 특정 장소에 산불이 재발하는 간격, 즉 평균 빈도다. 북방림의 산불 주기는 캐나다 서부와 알래스카에서는 대략 50~100년이고, 캐나다 동부의 더 습한 지역들에서는 200년이 넘는다. 캐나다 서부의 범람원 산림인 앵겔만가문비나무(*Picea glauca*)숲에서는 산불 주기가 300년이 넘고, 유럽에서 스웨덴 북방림의 산불 주기는 500년 정도로 자주 일어나지 않는다. 온대습윤림은 산불이 훨씬 드물게 일어나지만, 이 숲들은 개발로 크게 변형되어 자연 산불 체제는 더이상 존재하지 않는다.

산불 주기는 매우 짧을 수도 있다. 방크스소나무(*Pinus banksiana*)가 드문드문 자라는 미국 동부와 캐나다의 황무지에서는 15년 내지 20년마다 불이 난다. 온대건조림 지대인 캘리포니아의 혼효림과 미국 남동부의 대왕소나무(*Pinus palustris*)숲은 2년 내지 20년마다 산불이 일어난다. 스페인 동부의 알레포소나무(*Pinus halepensis*)숲의 산불 주기는 약 50년으로 약간 더 긴 한편, 캘리포니아의 자이언트세쿼이아(*Sequoiadendron giganteum*)숲의 산불 주기는 10년에서 100년 사이로 훨씬 변동이 심하다. 반면 열대우림에서는 산불이 적어도 자연적으로는 거의 발생하지 않는다.

몇몇 숲들에서는 산불에 유리한 조건이 조성된다. 오스트레일리아에서 유칼립투스나무의 휘발성 잎 기름, 방대한 낙엽 생산, 불에 아주 잘 타는 나무껍질은 산불을 부추기고 악화시켜 경쟁자 나무들을 파괴한다. 오스트레일리아 온대우림에서는, 남부너도밤나무의 어린 묘목들이 유칼립투스(*Eucalyptus regnans*)숲의 하층을 빠르게 점유해 무성한 임관을 형성하는 탓에 그 밑에서 유칼립투스나무가 재생될 수 없다. 산불이 임관을 열고 씨껍질을 터트려 많은 씨앗이 확산되고 나서야 유칼립투스나무가 재생될 수 있다. 유칼립투스나무는 오스트레일리아의 토착종이지만 캘리포니아를 포함해 세계의 다른 많은 지역에 유입되었는데, 캘리포니아에서 유칼립투스나무는 위험한 산불을 악화시키는 주범으로 지목된다.

열대건조 지역에서는 산불이 중요한 교란 인자라서 나무들이 대개 산불에 잘 적응되어 있다. 산불이 자연적으로는 발생하지 않는 열대우림도 벌채와 산림 파편화가 일어난 뒤에는 자연 산불이 발생할 수 있다. 그렇기는 하지만, 교란이 일어난 우림의 산불은 거의 항상, 고의적이든 그렇지 않든 사람에 의해 시작된다. 우림은 아무리 가벼운 산불이라도 불이 일단 붙으면 훨씬 잘 타는데, 나무들이 산불에 저항하도록 적응되어 있지 않기 때문이다. 게다가 나무가 죽으면서 산불 연료량을 늘려 훨씬 심각한 산불이 일어날 수 있는 조건이 조성된다. 최근 몇 십 년 동안 열대우림의 넓은 지역이 훼손된 것은 바로 이런 양의 되먹임 고리(positive feedback cycle) 때문이다.

초식동물과 해충

디즈니 영화 〈밤비Bambi〉에서 동명의 어린 사슴이 큰 산불을 피해 공포에 질려 도망칠 때, 멋진 수사슴인 밤비의 아버지가 밤비를 구해준다. 이 영화에서 거대 악은 숲을 태우는 불이지만, 많은 숲에서 더 은밀한 문제는 산불이 아니라 사슴이다. 많은 사슴 종, 그중에서도 특히 북아메리카의 흰꼬리사슴과 말코손바닥사슴, 유럽의 붉은사슴은 어린 나무의 잎을 뜯어먹음으로써 나무의 재생을 크게 억제한다. 스코틀랜드에서는 붉은사슴 개체수가 크게 늘어나면서 특히 유럽적송숲이 재생에 곤란을 겪고 있는데, 어떤 소나무 숲은 300년 동안이나 충분한 재생을 보이지 못하고 있다. 생쥐, 다람쥐, 밭쥐, 토끼를 포함해 더 작은 많은 포유류가 나무 씨앗과 어린 나무를 정기적으로 먹어 치우는데, 이는 우리가 레이디파크우드에서 본 것처럼 숲 발달 경로를 바꾸기에 충분하다.

이런 동물들은 특정 수종을 선호하므로 숲의 구성과 앞으로의 발달 경로를 바꿀 수 있다. 게다가 일부 수종은 잎을 반복적으로 뜯어먹혀도 견딜 수 있지만 그렇지 못한 종도 있다. 예컨대 많은 활엽수의 어린 나무들은 중심 줄기를 뜯어먹혀도 싹을 다시 낼 수 있지만, 침엽수는 일반적으로 그렇지 않다. (플라이스토세 말로 가면서) 사라진 대형 동물들의 총부피를 대체하고도 남을 만큼 밭쥐가 많은 북방림 지대에서 이것은 중대한 문제다. 북유럽에서는 밭쥐 대발생이 3~4년 주기로 일어나는데(북아메리카에서는 더 부정기적으로 일어난다), 그때마다 밭쥐 개체군이 수백 배 불어난다. 대식가들인 밭쥐는 자기가 좋아하는 식물 뿌리와 구근을 빠르게 먹어 치운 다음, 소나무나 가문비나무, 기타 침엽수의 어린 나무를 먹는다. 이는 임업에 상당한 경제적 타격을 줄 수 있다. 핀란드 한 곳에서만 밭쥐 대발생 기간에 200만 유로어치의 묘목 손실을 입은 것으로 추정된다.

나무, 잎, 싹을 뜯어먹는 포유류는 나무의 성장을 저해한다. 반대로, 풀을 뜯어먹는 동물들은 나무의 정착을 도울 수 있다. 이것을 가장 분명하게 볼 수 있는 장소는 아프리카 평원이다. 아프리카 건조림에서 코끼리와 기린을 포함해 높은 나무의 잎을 뜯어먹는 대형 동물들은 나무의 성장을 억제해 풀의 확산과 성장을 촉진한다. 이는 상당한 산불 연료량을 만들어 내는데, 그 결과로 발생하는 강한 산불은 목본 식물을 더욱 줄이고 나무 재생을 막는다. 거꾸로, 얼룩말과 누를 포함해 풀을 뜯어먹는 동물들은 풀을 뜯어먹음으로써 산불 강도를 줄인다. 나무가 다시 정착하고, 그 결과로 생기는 숲 그늘은 풀의 성장을 억제한다. 따라서 아프리카 사바나는 서로 다른 종류의 초식동물에 의해 숲에서 초원이 되었다가 다시 숲이 되기를 반복한다.

하지만 숲에서 초원으로의 변화에 핵심 역할을 하는 것은 포식자들이다. 나무는 포식자들이 초식동물에게 몰래 접근해 습격할 수 있도록 몸을 숨길 수 있는 덮개를 제공한다. 그러므로 초식동물들은 '공포의 지형' 속에 존재한다. 이런 상황에서 그들은 숲을 피하고, 포식자를 더 쉽게 발견할 수 있는 탁 트인 초원을 선호한다. 따라서 풀을 뜯는 초식동물들이 초원에 집중되는 것은 포식자들 때문이고, 이는 초원이 숲으로 변하는 주된 동인이 된다. 반면, 코끼리는 몸집 때문에 포식자들의 공격을 덜 받으므로 숲 지역을 피하지 않는다. 높이 달린 잎을 뜯어먹는 대형 동물인 그들은 잎을 먹기 위해 가지를 부러뜨리고, 심지어는 나무를 쓰러뜨려 숲을 초원으로 되돌린다.

초식 포유류가 아무리 숲을 파괴한다 해도, 곤충들이 일으키는 파괴에 비하면 아무것도 아니다. 1990년 이래로 알래스카에서부터 멕시코까지 약 300억 그루의 침엽수가 조그마한 나무좀 때문에 죽었다. 나무좀 한 마리는 쌀 한 톨보다도 작지만, 조건이 조성되면 개체군이 폭발적으로 증가해 유행병처럼 퍼져나가고, 이런 상태가 10년 이상 지속될 수 있다. 북아메리카의 소나무좀(*Dendroctonus ponderosae*)과 유럽의 가문비나무좀(*Ips typographus*) 같은 몇 종의 나무좀은 최근 몇 십 년 동안 침엽수림에 특히 큰 피해를 입혔다(그림 22).

이 지역에 여름 가뭄 발생률이 증가하면서 많은 나무가 나무좀의 공격에 취약해진 한편, 따뜻해진 겨울은 나무좀 개체군의 성장을 촉진했다. 건강한 나무는 작은 소나무좀을 송진에 빠뜨려 스스로를 방어한다. 따라서 나무좀 암컷은 가뭄에 스트레스를 받은 취약한 나무를 찾고, 자리를 잡으면 페로몬을 분비해 다른 나무좀들을 유인한다. 나무는 이에 송진과 독가스로 대응하지만, 숫자로 밀어붙이는 나무좀을 당해낼 재간이 없다. 수천 마리로 불어난 나무좀이 나무껍질 밑에 알을 낳으면, 알에서 깨어난 유충이 살아 있는 조직을 파먹어 결국 나무를 죽인다.

나무좀은 북아메리카, 노르웨이, 독일에서 숲 전체를 파괴

22. 위: 유럽의 가문비나무좀 성체. 아래: 가문비나무좀이 낸 통로(스위스).

했고, 그 과정에서 경관을 변형시키고 분수계(分水界. 강물이 갈라지는 경계가 되는 분수령—옮긴이)를 바꾸고 벌목 업계의 자원을 앗아갔다. 북아메리카의 나무좀 대유행이 진정되고 있음을 보여주는 첫번째 징후가 소나무좀이 발생한 지 20년도 더 지난 2012년에 나타났다. 소나무숲을 완전히 파괴한 탓에 소나무좀의 먹이가 떨어진 것이다.

해충에는 나무좀만 있는 것이 아니다. 가문비나무잎말이나방(오리나무잎말이나방속*choristoneura*의 다양한 종)의 유충인 가문비나무좀벌레 발생은 무려 25년 동안이나 지속될 수 있으며, 북아메리카 북방림의 남쪽 가장자리를 따라 조성된 발삼전나무숲을 거의 완전히 죽일 수 있다. 발삼전나무는 다른 수종과 함께 있을 때 더 안전한데, 그것은 가문비나무좀벌레가 주로 큰 나무를 죽이고 어리고 작은 나무에는 피해를 입히지 않기 때문이다. 이런 패턴이 그 숲에서 전나무를 존속시킨다.

일반적으로 수종이 다양한 숲은 해충 피해를 적게 입는데, 종이 다양하면 해충이 적합한 숙주를 찾기가 더 어려워지는 탓이다. 따라서 종 다양성이 매우 높은 숲에서 자라는 열대림의 나무들은 광범위한 해충 발생의 피해를 입는 일이 극히 드물다. 설령 그런 일이 발생한다 해도, 수목병은 특정 수종을 죽이기 때문에 숲 전체에는 사소한 영향을 미칠 것이다. 각 수종은 열대우림의 모든 나무 가운데서 차지하는 비율이 낮기 때문이다.

수목병

수목병을 일으키는 병해충에는 곤충만 있는 것이 아니다. 유럽에서 가문비나무좀은 여러 종의 사상균과 응애(진드기), 그리고 다양한 세균을 옮긴다. 이 가운데 일부는 나무좀의 파괴적 여파를 촉진하거나 악화시키는 반면, 나머지는 나무좀 자체보다 더 파괴적일 수 있다. 소나무좀은 나무에 청변균(青變菌)을 감염시킨다. 소나무좀의 유충은 먹이로 청변균을 선호하는데 그것이 나무보다 훨씬 더 소화가 잘되기 때문이다. 청변균이 없으면 소나무좀의 피해는 크게 줄어든다. 1960년대 말 이래로 유럽 전역에서 성숙한 느릅나무를 전멸시키다시피 한 네덜란드느릅나무병은 느릅나무좀의 등에 올라탄 응애가 퍼뜨리는 사상균 병원체에 의해 발생한다. 지금 느릅나무는 영국에서는 심하게 축소된 울타리 관목으로만 존재하고, 프랑스에서는 90퍼센트가 사라졌다.

하지만 많은 수목병 발발의 원인을 거슬러올라가면 결국 무역으로 귀착된다. 예컨대 네덜란드느릅나무병은 북아메리카에서 선적된 감염된 통나무에 실려 유럽으로 들어왔다. 20세기 전반기에 또다른 사상균이 일으키는 밤나무마름병이 아시아에서 우연히 들어와 미국 동부의 유럽밤나무숲을 완전히 파괴했다(약 35억 그루의 나무가 죽었다). 가장 최근에 영국의 숲을 피폐하게 만든 병원체는 칼라라(*Chalara. Hymenoscyphus fraxineus*)다. 이것은 물푸레나무마름병을 일으키는 치명적인 사상균으로, 묘목 무역을 통해 수입된 어린 나무에 실려 들어왔다.

수목 병원체는 숲을 파괴하는 일은 드물지만, 특정 종을 선택적으로 죽임으로써 숲의 구성을 바꾼다. 죽은 나무가 만드는 빈틈을 채우는 수종, 그리고 숲 지붕에 열린 공간을 재빠르게 이용하는 하층 초본식물 종들에게는 수목병이 일으킨 교란이 요긴한 기회가 될 수 있다. 한 예로, 미국 동부에서 유럽밤나무가 감소했을 때 처음에는 자작나무가, 그다음에는 단풍나무가 수혜를 보았다. 반면, 병에 걸린 나무와 관련된 종은 감소할 것이다. 영국에서 물푸레나무와 깊은 관련이 있는 매우 다양한 곤충과 지의류는 물푸레나무와 운명을 함께하는데, 현재 물푸레나무의 운명은 전적으로 칼라라의 여파에 달려 있다. 물푸레나무들 가운데 소수는 물푸레나무마름병에 내성을 지니고 있는 것 같고, 따라서 내성을 지닌 개체들에서 유래한 어린 나무들이 정착해 확산함에 따라 몇 십 년에 걸쳐 물푸레나무와 관련 종들이 서서히 회복될 수 있으며 실제로 그렇게 될 것이다. 이렇게 나무가 병에 걸리고(그리고 결국에는 병에서 회복된다) 다른 종에게 밀려나면서 숲의 종 구성은 끊임없이 변한다.

병원체가 숲의 구성에 가장 중요할 뿐 아니라 가장 은근한 효과를 미치는 곳은 열대우림이다. 고위도 지역에서는 추운 겨울에 많은 병원체가 죽지만, 열대 지방에서는 겨울이 춥지 않거나 아예 존재하지 않는 탓에 병원체가 1년 내내 존속한다. 수목병을 일으키는 병원체가 가장 잘 퍼지는 장소는 숙주 식물의 밀도가 높아서 병원체가 한 개체에서 다른 개체로 빠르게 확산될 수 있는 곳이다. 어떤 나무에서 떨어진 씨의 대다수가 멀리 퍼지지 못할 때 부모 나무 바로 근처에 어린 나무가 밀집하게 된다. 이는 특정 종만을 겨냥하는 병원체에 이상적인 조건을 만든다. 이런 병원체들은 '모잘록병'(병원균이 침입해 묘목의 기부가 잘록해지고 점차 시들어 죽는 병—옮긴이)의 원인으로, 감염될 위험이 없을 정도로 충분히 먼 곳으로 확산된 묘목을 제외한 모든 묘목을 죽일 수 있다. 이 과정은 씨를 멀리 퍼뜨리는 나무에 대한 자연 선택을 일으킨다. 종 다양성 또한 높이는데, 같은 종의 다른 나무에서 멀리 떨어짐으로써 감염을 피한 묘목이 가장 성공하기 때문이다. 이 과정은 어느 한 종이 한 지역을 우점하는 것을 막아 종 다양성을 촉진한다.

이 가설은 1970년대 초에 대니얼 잰즌(Daniel Janzen)과 조지프 코넬(Joseph Connell)이 열대우림의 막대한 다양성을 설명하기 위해 각기 독립적으로 제기한 뒤로 많은 지지를 받았다. 따라서 열대우림에서 특정 숙주를 겨냥하는 병해충의 효과는 온대림과 북방림에서보다 공간적으로 훨씬 작은 규모로 전개되지만, 이런 소규모 이웃 효과는 많은 열대 숲에서 수종의 다양성을 높게 유지하는 데 중요한 역할을 한다.

역동성과 천이

우리는 숲이 실제로 얼마나 역동적인지 잘 모른다. 산불이든 강풍이든 해충이든 질병이든, 숲의 교란은 '노숙림'이라는 개념에 내포된 안정성과 영속성에 어긋나는 변칙으로 간주된다. 실제로, 노숙림의 안정성과 영속성은 인간 때문에 교란에 처한 숲을 보존할 명분을 제공한다. 하지만 숲은 안정되어 있지 않으며, 아마 한 번도 안정된 적이 없었을 것이다.

수년에서 수십 년에 걸친 인간의 시간 틀에서조차 숲은 상당한 변화를 겪고, 그 변화는 흔히 예측 불가능하다. 또한 교란 요인들은 상호작용한다. 예컨대, 바람에 나무가 쓰러지는 비교적 사소한 사건은 산불의 연료가 되는 죽은 나무를 크게 늘려 향후 나무좀 발생이나 파괴적인 산불에 유리한 조건을 조성한다. 해충, 병원체, 가뭄 역시 죽은 나무를 발생시켜 숲의 가연성을 높이고, 지표화는 나무에 상처를 입혀 병해충의 공격에 취약하게 만든다.

그런데 교란이 반드시 다른 교란을 낳는 것은 아니다. 한 교란 인자가 다른 교란의 가능성을 줄이는 경우도 있다. 예를 들어, 사슴과 말코손바닥사슴 같은 초식동물들은 숲 바닥에서 2~3미터까지의 수직 공간을 차지하는 식물들을 제거함으로써 숲 하층과 숲 지붕 사이의 '연료 빈틈'을 만들어내는데, 이는 지표화가 수관화로 번지는 것을 막는다. 교란 체제가 이렇게 복잡한 탓에 숲의 역동성을 이해하는 일은 만만치 않아 보인다. 하지만 숲 생태계에 대한 장기적 연구들이 역동성의 패턴을 밝혀내기 시작했다.

적도에 걸쳐 있는 열대우림은 온대림과 달리 자연 산불, 해충 발생, 수목병, 나무를 쓰러뜨리는 강풍의 영향을 거의 받지 않는다. 그 대신 우림의 역동성을 지배하는 사건은 나무 한 그루가 쓰러지는 것이다. 이것이 숲 지붕에 비교적 작은 틈을 만들면 어린 나무들이 그 틈을 채우려고 경쟁한다. 종 다양성이 풍부한 우림에서는 수많은 종 가운데 어떤 종이든 그 빈틈을 채워 성숙한 나무가 될 수 있다. 따라서 열대우림의 식생 변화 패턴을 규정하기는 아주 일반적인 측면에서가 아닌 한 거의 불가능하다. 광범위한 개방 지역을 처음 점유하는 일군의 '개척' 종—보통은 빨리 자라고 그늘에서 잘 자라지 못하며 수명이 짧은 나무들—이, 더디게 자라고 오래 살고 그늘을 잘 견디는 종으로 서서히 대체되는 일련의 과정은 냉온대 지역에서 전개되는 천이(遷移, succession) 과정과 비슷하지만, 한 지역에서 어떤 종이 최종적으로 숲 지붕을 차지할지 예측하기는 거의 불가능하다.

인간에 의한 교란을 겪지 않은 자연림에서는 나무 한 그루가 쓰러지는 사건이 교란의 대다수를 차지하지만, 이런 사건은 개척 종이 정착할 수 있을 만큼 광범위하게 일어나지는 않는다. 하지만 바람과 산불이 자주 발생하지는 않아도 중요한 변화 인자가 될 수 있는 열대계절림 지대에서는, 숲의 구조와 구성에 큰 영향을 끼치는 파괴적인 교란이 발생하기도 한다. 태국 서부의 상록 계절림인 퉁야이 후아이카캥 야생동물 보호구역에 있는 큰 나무들은 뜻밖에도 수령이 약 150년으로 일률적인데, 이는 이 숲에 어떤 파괴적 교란이 있었음을 암시한다. 그 사건은 1800년대 중반으로 거슬러올라간다.

숲을 교란하는 인자들이 다양하다는 사실에서 숲의 변화가 복잡하다는 것을 눈치챌 수 있을 뿐, 우리가 이 과정들 사이의 모든 상호작용을 알아내 숲의 역동성을 온전하게 이해하기란 솔직히 어렵다. 식생 변화에 관한 초기 이론들은 천이라는 개념으로 요약된다. 천이란, 한 식물 군락을 안정된 최종 상태인 '극상 군락'으로 서서히 바꾸는, 식물 종들의 순차적인 발달 및 대체 과정을 말한다. 40년이라는 비교적 짧은 시간 동안 레이디파크우드에서 일어난 많은 변화는 식생을 안정된 상태의 숲으로 몰아가는 예측 가능한 과정을 상정하는 것이 더이상 타당하지 않은 관점임을 보여준다. 그럼에도 천이 개념은 오랫동안 숲 발달에 대한 지배적 모델이었고, 그 개념의 변형된 형태는 아직 유용하다.

천이는 씨로 도착한 개체, 또는 그루터기나 뿌리줄기(근경)에서 돋아난 싹이 큰 교란 사건으로 생긴 개방된 땅을 점유하는 것으로 시작된다. 이런 어린 나무들은 빛이 많은 환경에서 빠르게 성장하고, 결국에는 과밀해져 빛과 공간을 놓고 경쟁한다. 북아메리카의 아스펜과 방크스소나무, 유럽의 자작나무, 열대의 마카랑가속(*Macaranga*)과 케크로피아속(*Cecropia*)의 나무들이 이런 '개척' 종에 속한다.

임관이 울창해짐에 따라 어린 나무들은 그늘에 가린다. 그러면 나무들은 빛과 공간을 놓고 다투고, 이렇게 해서 자연적인 솎음이 일어난다. 살아남은 나무들은 죽거나 쓰러진 이웃 개체들이 만든 틈으로 가지를 뻗으며 더욱 커진다. 이 단계는 수십 년 동안 지속되고, 드물게는 100년 이상 지속되기도 한다. 결국 나무들은 충분히 크게 자라고, 그들이 죽으면 가지를 뻗는 수평 연장으로는 채울 수 없을 정도로 큰 틈이 벌어진다. 이때 하층으로 쏟아져 들어오는 빛은 어린 나무들과 임관 아래 있는 나무들에게 기회를 제공한다. 임관의 그늘에서 해방된 그 나무들은 빠르게 성장해 임관 틈을 메운다. 이런 나무들은 개척 종 나무들의 그늘에서 오랜 기간 생존할 수 있는 각기 다른 일군의 종에 속한다. 이들은 아주 조금씩 성장하면서 임관에 틈이 생길 때까지 때를 기다린다. 북아메리카 숲의 설탕단풍(*Acer saccharum*), 솔송나무, 너도밤나무, 가문비나무, 유럽의 참나무, 너도밤나무, 밤나무가 그런 부류에 속한다.

오래 사는 이런 나무들은 결국 높이 치고 올라가며 개척 종들을 가린다. 이들은 이제 과밀이 아니라 강풍에 쓰러져 죽는다. 대개 병에 걸려 약해진 뒤 쓰러지게 되는데, 이 과정은 수백 년이 걸릴 수 있다. 큰 나무 한 그루가 쓰러지면, 숲 하층에서 조밀한 군락을 이룬 채 휴면 상태에 있던, 그늘을 잘 견디는 어린 나무들이 쏟아져 들어오는 빛에 반응해 공간과 높이를 놓고 서로 다툰다. 이런 어린 나무들은 임관 나무들의 자손이다. 개척 종들은 임관의 짙은 그늘에 완전히 밀려나 오래전에 사라졌기 때문이다.

천이의 마지막 단계는, 한 나무가 쓰러져 만든 틈을 어린 나무들이 채워 임관으로 성장하는 사건이 반복된 결과, 수령이 다양한 임관이 형성되는 것이다. 충분히 오래된 숲일 경우 이 단계를 노숙림이라고 부르게 된다.

이런 천이 과정은 필연적이라는 느낌을 준다. 일찍이 천이 이론을 주창한 프레더릭 클레멘츠(Frederic Clements)와 아서 탠슬리(Arthur Tansley)는 큰 교란 사건이 일어나 천이 과정이 다시 시작될 수 있다는 점은 인정했지만, 그렇다 해도 교란은 숲이 안정된 극상 군락으로 질서 있고 점진적으로 이행하는 정상 상태의 예외로 보았다. 하지만 실제 현실에서는 다양한 공간적 규모에서 작동하는 교란이 탠슬리 또는 클레멘츠가 생각하는 것보다 숲의 역동성에서 더 큰 역할을 한다. 이런 현상들을 종합하면 숲의 다양성은 대개는 방향성이 있는 것도, 예측 가능한 것도 아니다. 그 대신 숲은 교란 체제, 지역적 영향, 그리고 무엇보다 우연에 따라 다양한 경로를 따를 수 있다.

천이 경로는 순환될 수 있다. 아스펜은 북아메리카의 냉온대림에 산불이 발생한 뒤 처음 정착하는 종 가운데 하나이지만, 서서히 미국꽃단풍으로 대체되고, 그런 다음에는 그늘에서 잘 자라는 솔송나무로 대체된다. 솔송나무는 자리를 지키다가 또다른 산불이 발생하면 제거되고 아스펜이 다시 정착한다. 천이 경로는 여러 갈래로 갈라질 수도 있다. 산불 발생 뒤의 아스펜숲은 각기 다른 종에 유리한 토양 차이에 따라 인접 장소들에서 소나무, 참나무, 또는 단풍나무로 천이할 수 있다. 또한 천이 경로는 이색적일 수 있다. 이때 한 숲 유형에서 다른 숲 유형으로의 천이를 결정하는 것은 종자 수확 시기라든지, 특정 종에 더 큰 영향을 끼치는 가뭄이나 수목병 같은 우연한 사건들이다. 종자 비(seed rain. 종자를 집중적으로 생산해 성숙한 종자를 빗발치듯 쏟아내는 현상—옮긴이), 그늘, 낙엽을 통해 토양으로 주입되는 영양소, 또는 감염된 나무의 병원체에 노출되는 일 등, '주변 효과'라 불리는 지역적 과정들은 모든 나무의 임관 아래서 어떤 묘목이 살아남고 어떤 묘목이 살아남지 못할지 결정하는 데 저마다 일정한 역할을 한다. 이런 주변 효과의 총합이 숲 전체의 천이 추세에 기여한다. 실제 세계에서 이 모델들 가운데 어느 것에 해당하는지 예측해 미래의 숲 구성을 전망하는 일은 레이디파크우드의 최근 역사가 보여주듯 만만치 않다.

산불과 스트로부스잣나무 수수께끼

그렇다고 우리가 숲의 역동성을 더 완전하게 이해하는 일을 포기해야 한다는 말은 아니다. 특정 숲 유형에 초점을 맞추면 복잡성을 좀더 쉽게 다룰 수 있다. 미국 북동부의 냉온대림은 이 목적에 부합한다. 스트로부스잣나무(*Pinus strobus*)는 산불을 견딜 수 없지만, 불가사의하게도 산불이 만연한 냉온대림에 널리 퍼져 있다. 방크스소나무와 검은가문비나무(*Picea mariana*)와 달리, 스트로부스잣나무 씨앗은 산불에 파괴된다. 이 나무는 또한 아스펜과 종이백자작나무(*Betula papyrifera*)처럼 산불 이후 다시 싹을 내는 능력도 없다. 하지만 성숙한 스트로부스잣나무는 가벼운 지표화를 이겨내고 약간의 그늘을 잘 견딘다. 따라서 산불이 너무 자주 발생하면 스트로부스잣나무가 파괴되고 다시 싹을 낼 수 있는 자작나무가 유리해지는 반면, 산불이 너무 적게 발생하면 설탕단풍과 동부솔송나무(*Tsuga canadensis*)의 그늘이 스트로부스잣나무를 가릴 수 있다. 그래서 스트로부스잣나무가 존속하는 곳은 심각한 산불의 주기가 단풍나무와 솔송나무가 우점할 정도로 너무 길지도 않고, 자작나무와 방크스소나무가 침입할 정도로 너무 짧지도 않은 150년에서 300년 사이인 장소다. 만일 산불 주기가 300년을 초과하면, 새로 들어온 단풍나무와 솔송나무의 불이 잘 붙지 않는 낙엽이 산불 발생의 가능성을 더 낮춘다. 산불을 배제하면, 강풍이 지배적인 교란 인자가 된다. 숲을 쓰러뜨리는 강풍이 재발하는 주기는 1000년이 넘어서, 단풍나무와 솔송나무의 장기적 우점을 보장한다. 반면 심각하지 않고 빈번하지도 않은 지표화가 반복되면 심각한 수관화로 스트로부스잣나무가 파괴된 자리에 자작나무가 정착할 기회를 제공할 때까지 스트로부스잣나무가 수백 년 동안 우점을 유지하게 된다.

스트로부스잣나무숲의 사례는 숲의 역동성이 설령 예측 가능하거나 방향성이 있는 것은 아니라 해도, 우리가 적어도 진행중인 과정을 이해할 수는 있다는 사실을 보여준다. 하지만 예외는 있다. 최북단 지역의 북방림은 산불로 시작되는 합리적으로 예측 가능한 천이 과정을 따르지 않는다. 이탄 토양에서 자라는 알래스카의 북방림에서, 검은 가문비나무의 어린 나무들은 산불이 발생한 뒤 매우 빨리 정착하고, 30년 내에 검은 가문비나무 임관이 형성되기 시작한다. 산불이 일어난 지 100년 뒤면 성숙한 가문비나무 임관이 자리를 잘 잡지만, 산불이 70년 간격으로 재발하기 때문에 이 단계에 이르는 경우는 드물다. 빈번한 산불 뒤에 검은 가문비나무가 반복해서 정착하는 패턴은, 한 숲 유형에서 다른 숲 유형으로의 이행이 사실상 일어나지 않고 산불 간격이 너무 짧은 탓에 극상 군락이 형성되지 않는, 매우 단순한 형태의 천이다.

노숙림 개념 해체하기

숲 변화는 복잡하고 특이하며 숲 발달의 어떤 상태에 '안정된 극상' 단계를 부여할지 결정하기 어렵다는 점에서, 우리는 '노숙림'의 의미에 의문을 제기하게 된다. 이 용어는 통상적으로 숲 발달의 '최종' 단계, 또는 '후기' 단계에 있는 숲을 지칭하는 데 쓰였다. 하지만 완전한 개벌이 일어나는 경우를 제외하고는 숲에 최종 단계가 없다는 것을 이제 분명히 알았을 것이다. 자연적인 교란 인자들은 주기적인 변화를 무한 반복하는 숲 발달 경로에 영향을 끼친다. 숲은 어떤 교란 인자에 노출되느냐에 따라 더 이른 발달 상태로 되돌아가거나, 다른 상태로 변한다. 그 대신 숲이 완전히 파괴될 정도로 큰 교란을 겪은 뒤 천이 과정의 후반에 이른 숲 발달 단계를 노숙림으로 칭할 수는 있을 것이다. 하지만 이 경우에도 레이디파크우드에서 너도밤나무 숲이 물푸레나무 숲으로 변한 것과 같은 숲 구성의 변화는 있을 수 있다.

천이가 진행되면서 숲은 큰 구조물(살아 있는 나무와 조직이 성긴 목질 쇄설물)을 축적하고 구조적 복잡성(예컨대, 생물량 분포의 3차원적 다양성)을 키우는 경향이 있다. 체코 슈마바 언덕에 있는 부빈 숲의 노숙림, 벨라루스와 폴란드의 국경지대에 있는 비아워비에자 숲, 또는 미국 북서부 올림픽 국립공원의 온대우림은 쓰러진 거대한 나무들이 부패의 다양한 단계를 거치고 있으며, 재생되고 있는 묘목들과, 어린 나무에서부터 성숙하고 있는 나무들이 여러 층을 이루고 있다.

생태학자들은 이런 구조적 복잡성을 바탕으로 노숙림을 정의한다. 소규모의 사소한 교란들은 천이 단계가 저마다 다르고 따라서 종 구성도 다른 모자이크상의 조각숲들을 만들어냄으로써 복잡성을 더한다. 따라서 노숙림은 구조적으로 복잡할 뿐 아니라 공간적으로 이질적이다. 하지만 구조적 · 공간적 이질성을 바탕으로 노숙림을 정의하는 것도 100퍼센트 만족스럽지는 않은데, 어떤 숲들은 큰 교란이 없으면 구조적으로 더 단순해지는 경향이 있기 때문이다. 예컨대, 북아메리카의 솔송나무/단풍나무 혼효림은 산불이나 강풍이 없으면 토양 유형에 따라 단풍나무 또는 솔송나무가 우점하는 숲으로 바뀔 것이다. 그러므로 '노숙림'을 생태적 관점에서 유의미하면서도 모호하지 않게 정의하기는 어렵다.

따라서 생태학자들은 '노숙림'을 충분히 오래되었으며 인간에 의한 교란을 비교적 덜 받은 숲의 약칭으로 사용하는 경향이 있다. 즉, 노숙림은 과학적으로 규정된 개념이라기보다는 직관적으로 이해되는 개념이다. 생태학자들은 그렇게 함으로써 의도하든 의도하지 않든, 가치 판단이 담긴 사회적 구성물을 채택하고 있다. 이렇게 사회적으로 구성된 개념은 보편적 지지를 받을 수 없는 탓에, 의제가 충돌할 때 노숙림 개념은 양극화된 정치 논쟁의 핵심으로 떠오르게 된다.

이렇듯 어떤 사람들에게는 노숙림이 오래되고 성숙한 원래의 1차 산림, 원시림, 원생림으로 간주되며, 이런 말들은 보존할 가치가 있다는 느낌을 전달한다. 여기에 이의를 제기하는 사람들은 부정적인 말로 노숙림을 묘사한다. 예를 들면 '늙은', '성숙기가 지난', '부패한', '쇠약한' 등이다. 이것은 줄리아 힐의 2년간의 나무 위 시위를 상기시키는 갈등 담론의 토대를 이룬다. 어떤 사람들은 노숙림을 가치 있는 땅의 비효율적인 이용으로 보는 한편, 다른 사람들은 커다란 생태적 · 미적 다양성을 가진 순수한 자연 서식지로 본다. 보존의 관점에서 노숙림의 가치는 쉽게 측정할 수 있는 내재된 복잡성과 풍부한 생물다양성뿐 아니라, 측정하기 불가능한 시각적 · 정서적 매력에서 나온다. 모든 종류의 교란이 이런 복잡성에 기여하고, 건강한 숲은 역동적인 숲이기도 하다.

제 5 장

숲의 상품과 서비스

서양 신화의 단골 소재 중 하나는 유럽 탐험가들과 문명과는 접촉한 적 없는 사람들의 첫 만남이다. 그런 사건은 점점 드물어지고 있는데, 현대 세계와 접촉하지 않은 사람들이 거의 남아 있지 않기 때문이다. 그렇다 해도 비정부 기구 서바이벌 인터내셔널(Survival International)은 문명과 접촉하지 않은 부족들이 아직 100곳 넘게 아마존과 뉴기니의 외딴 열대우림에 살고 있다고 추산한다. 그들은 대개 수렵 채집과 소규모 경작을 하면서 살아간다. 알려진 사례들은 볼리비아의 야나이구아족(Yanaigua), 페루의 키리네리족(Kirineri), 가이아나의 와피샤나족(Wapishana. 아라와크족Arawak), 에콰도르의 타가에리족(Tagaeri), 그리고 브라질의 카라파위아나족(Karafawyana)과 파파보족(Papavo)이다. 숲 외부의 집단과 교류하지만 수렵 채집인으로 계속 살아가는 부족들도 있는데, 보르네오의 푸난족과 페난족, 콩고 유역의 아카족(Aka), 바카족(Baka), 바트와족(Batwa)(그림 23), 아마존의 다양한 아메리카원주민 집단들이 여기에 포함된다.

우리는 이 사람들의 자족적인 생활방식과 자연자원을 이용하는 지속 가능한 방법을 높이 사면서, 자원을 탕진하는 우리와 비교한다. 우리가 외딴 숲에 사는 부족에 매혹을 느끼는 것은 오래전에 사라진, 자립에 기반을 둔 더 단순한 과거를 그리워하는 낭만주의적 성향 탓이다. 점점 도시화되는 현대 사회는 삶의 터전으로서의 숲으로부터 우리를 지리적으로나 문화적으로 멀어지게 했다. 따라서 우리가 당연하게 여기는 상품들의 다수와 우리 사회가 의존하는 환경 서비스를 숲이 계속해서 제공하고 있다는 사실을 우리는 잊기 쉽다.

숲의 자원

명백히 목재는 숲의 주된 자원이며, 줄리아 힐을 캘리포니아의 세쿼이아 나무 꼭대기로 올라가게 한 것은 벌채다. 그녀의 대단한 행동은 숲의 가치가 목재의 가치보다 훨씬 크다는 인식에서 비롯되었다. 전 세계에서 약 15억 명의 사람들이 이

23. 콩고 유역의 숲에 사는 바카 피그미족.

런저런 방식으로 다양한 숲 자원에 의존해 살아간다. 그리고 또다른 수백만 명이 숲이 우거진 지역에서 자라거나 유래하는 커피, 고무(그림 24), 코코아 같은 제품들을 경작한다. 세계 모든 사람들이 기후 조절과 물 순환에서부터 토양 자원의 보호, 위험으로부터의 보호뿐 아니라, 다양한 생물들의 거처와 오락, 미적 · 영적인 필요에 이르기까지, 숲이 제공하는 많은 환경 서비스에 의존한다.

목재

목재는 단연 숲이 생산하는 가장 가치 있는 상품으로, 목제품의 세계 무역 가치는 미국 달러화로 약 1500억 달러에 이른다. 문명사의 상당 기간 동안 목재는 경제 발전의 대들보였다. 목재는 도시, 선박, 철도를 건설하는 데 사용되었고, 그런 식으로 탐험, 무역, 정복을 위한 선박과, 의사소통과 통제를 위한 네트워크를 구축함으로써 경제적 · 정치적 힘을 집중시키는 수단을 생산했다. 나아가, 땔나무(엄밀하게 말하면 목재는 아니지만)는 역사의 대부분에 걸쳐 인간 진보의 동력을 제공했다. 8세기와 9세기에 이슬람 세력이 지중해를 가로질러 확장한 것은, 적어도 부분적으로는 목재를 얻어야 했기 때문이었다. 중세 대부분의 기간 동안 유럽에서 정치적 후원에 목재가 사

24. 1910년경 스리랑카의 한 고무나무에서 수액을 채취하는 모습.

용된 것을 보면 목재가 얼마나 중요한 자원이었는지 알 수 있다. 인도네시아, 말레이시아, 필리핀에서 목재 자원 소유권은 국가, 군대, 민간 영역의 우두머리들을 연결함으로써, 식민지 시대부터 지금까지 그 나라들의 정치적·경제적 발전에 영향을 미쳐온 통치 제도의 수립을 도왔다.

목재 채취는 대개 자연림과 그곳의 생물다양성을 파괴하지만 꼭 그럴 필요는 없다. 부실한 산림 경영 관행과 과잉 개발이 계속되고 있지만, 그럼에도 산업은 이런 문제들에 서서히 대응하고 있다. 보존주의자들은 자연 서식지와 생물다양성을 파괴하고, 토착 부족을 비롯한 현지인 집단들을 쫓아내고, 전통 문화를 영구적으로 변화시키는 지속 가능하지 않은 목재 수확을 오랫동안 비난해왔다. 지금은 벌목된 숲이 배출하는 이산화탄소에 대한 우려가 이런 주장에 보태졌다. 벌목업자들은 이에 대한 반박으로, 벌목은 전 세계 소비자들이 원하는 필수적인 자원을 제공하고, 벌목 산업은 수많은 사람들에게 직업과 생계 수단을 제공하며, 벌목은 숲을 파괴하는 것이 아니라 산림 경영과 산림 보존의 근거가 되는 경제적 가치를 제고한다고 지적한다. 모든 주장이 일리가 있으며, 언제나 그렇듯 현실은 양극화된 이념 논쟁이 말하는 것보다 더 복잡하고 미묘하다.

벌목만으로 산림이 파괴되는 것은 아니다. 열대 지역에서는, 상업적 가치를 가지고 있어서 수확되는 나무가 1헥타르당 몇 그루에 불과하므로, 벌목이 선택적 과정이다. 따라서 벌목된 숲도 여전히 숲이다. 온대와 북방대에서는 꽤 넓은 면적 내의 모든 나무를 수확하는 일이 좀더 흔하다. 이 관행을 모두베기(몰벌)라고 부른다(그림 25). 이 지역의 숲은 (규모에 따라 다르지만) 일반적으로 이런 몰벌을 견딜 수 있다. 산불, 강풍, 해충 발생이 초래하는 나무 손실 패턴과 비슷한 탓인데, 숲들은 이런 자연 교란 체제에 이미 잘 적응되어 있어서 충분히 회복될 수 있다. 문제는 벌목이 산림 침범과 산림 전용을 촉진할 때 발생한다. 정부 정책이 이런 상황을 적극적으로, 또는 우연히 촉진할 수 있다. 예컨대 땅 없는 농부들이나 땅 투기꾼들이 벌목업자들이 남긴 도로망을 사용해 벌목된 땅으로 들어와 그곳을 농업이나 방목을 위해 정리하는 것이다. 아마존에서, 벌목된 숲은 벌목되지 않은 숲보다 농업을 위해 정리될 확률이 4배 높다. 벌목된 숲은 산불에도 더 취약하다. 특히 열대 지역에서 산불은 숲 구조와 구성을 점진적으로 악화시킬 수 있다.

남아메리카에서 가장 큰 목재 생산국인 브라질에서, 대규모 목재 개발은 처음에는 강을 따라 집중되었다. 하지만 저지대 숲의 목재 상품이 고갈되자, 계속 성장하는 큰 도로망이 고지대 산림 지역으로 침투했고 광대한 내륙 지역을 벌목업자들에게 내주었다. 고지대의 벌목 속도가 지속 가능하지 않은

25. 스코틀랜드 서덜랜드에 있는 벤 모어 숲의 소규모 개벌.

것도 문제지만, 더 큰 문제는 내륙의 숲으로 도로가 침투해 농부들과 광부들이 접근할 수 있게 되는 것이다. 비슷한 과정이 동남아시아에서 일어난 결과, 말레이시아와 인도네시아의 저지대 숲이 벌목되고 이어서 농경지나 집단농장으로 바뀌었다. 지속 가능한 목재 수확 관행을 요구하는 목소리는 크고 분명하지만, 실제로는 중요하게 취급되지 않는다. 대부분의 국가들이 잘 개발된 산림 정책과 산림 규제를 펼치고 있음에도, 판매되는 열대 목재의 상당 부분, 어쩌면 대부분을 불법 벌목이 조달한다. 높은 시장 수요, 각계각층의 부패, 그리고 규제 시행의 어려움은 불법 벌목 관행을 확산시킨다.

벌목과 보존은 공존할 수 있을까? 지속 가능한 벌목은 과연 가능할까? 지속 가능한 산림 경영을 다루는 개념들은 저마다 조금씩 다르지만, 일반적으로 숲을 존속시키고 생물다양성을 포함한 숲의 다양한 상품과 서비스를 장기적으로 보존하는 데 강조점을 둔다. 국제목재무역기구(International Timber Trade Organization)는 2005년에 전 세계 열대우림의 5퍼센트만이 지속 가능한 방식으로 경영되고 있다고 추산했다.

아이러니하게도 지속 가능한 산림 경영을 위한 방법과 절차는 잘 개발되어 있고 충분히 알려져 있다. 부족한 것은 실행하게 만드는 유인이다. 벌목이 숲 구조, 생물다양성, 숲 토양과 생태계 서비스에 끼치는 해로운 영향들은 영향감소벌채

(Reduced Impact Logging. RIL) 지침을 채택할 경우 크게 완화될 수 있다. 이 가이드라인은 신중한 수확 계획, 숙련된 노동력, 준비 작업, 그리고 토양과 물길 피해를 줄이기 위한 기술 개선을 포함한 일군의 경영 간섭들로 이루어져 있다. 하지만 RIL은 잘 시행되지 않는 산림 규제, 돈벌이가 되는 불법 목재 시장, 투자를 장려하기 위해 필요한 장기 보유권의 부재 같은 요인들에서 비롯되는 관심 부족 탓에 채택되는 일이 드물다. 하지만 RIL이 열대림 작업의 총 비용을 약 40퍼센트 높인다는 점에서, RIL 채택을 막는 가장 큰 장벽은 높은 비용이 아닐까 싶다.

환경을 생각하는 소비자들이 점점 지속 가능성을 따져 목제품을 선택함에 따라 이런 장벽들이 극복되기 시작하고 있다. 지속 가능한 목제품 시장이 성장함에 따라, 지속 가능한 원천에서 나온 목제품을 인증하는 라벨이 확산되고 있다. 인증 기준을 정하는 인증 기관들은 벌목 업계와 무관한 경우도, 그렇지 않은 경우도 있을 것이다. 인증 기관들이 정한 기준에 따라 벌목 회사들의 경영 관행에 대한 평가가 이루어진다. 인증을 받은 벌목 회사들은 자신들의 제품에 대한 가격 프리미엄을 확보할 수 있고, 이렇게 함으로써 인증을 받기 위해 들어간 비용의 일부를 벌충할 수 있다. 아마 이런 회사들에 더 중요한 사실은 인증이 시장 지분을 유지하는 데 도움이 된다는 점일 것이다. 최소한의 지속 가능성 기준을 충족시키는, 혼란스러울 정도로 다양한 인증 라벨들이 존재하는 것에서 알 수 있듯이, 인증은 지난 20년 동안 빠르게 성장했다. 하지만 인증받은 목재의 대부분이 온대의 숲과 조림에서 온다. 세계 최대 인증 기관인 국제산림관리협회(Forest Stewardship Council, FSC)는 2014년 5월 현재 전 세계에서 1억 8200만 헥타르의 숲을 인증했는데, 이 가운데 52퍼센트가 북방림, 38퍼센트가 온대림이고 10퍼센트만이 열대림이다. 실제로, 경영 및 운영 기준의 개선이 절실히 요구되는 열대 벌목 회사들의 인증 취득은 제한적이었다. 2008년 현재, 남아 있는 열대림과 아열대림 가운데 FSC의 인증을 받은 곳은 0.7퍼센트 이하이고, 모든 인증 기관을 통틀어 인증을 받은 곳은 1.5퍼센트 이하이다.

인증이 지속 가능한 채취 및 경영 관행을 촉진할 수 있느냐는 지속 가능한 제품에 대한 소비자 수요에 달려 있다. 그런 제품에 대한 수요는 유럽과 북아메리카에서 일반적으로 높지만, 신흥 시장은 아직 그렇지 않다. 중국에서 자원 소비가 급증함에 따라 열대에서 생산된 통나무의 흐름이 유럽과 미국 시장에서 중국 시장으로 바뀌고 있다. 열대 목재에 대한 중국의 수요는 현재 서구 시장의 수요를 훨씬 앞지른다. 수요는 급증하고 있지만 중국의 바이어들은 서구의 바이어들보다 환경 의식이 낮다. 이는 열대 목재 채취를 더 지속 가능하게 하려는 노력을 수포로 돌릴 수 있다.

게다가, 중국이 가공된 목제품이 아닌 목재를 수입하면서, 열대 목재의 가치 사슬(가치 사슬이란 마이클 포터 하버드대 교수가 주창한 개념으로, 기업이 원재료를 사서 가공, 판매해 부가가치를 창출하는 일련의 과정을 뜻한다—옮긴이)이 재편되고 있다. 이는 목제품 수출국이 획득하는 가치가 줄어들고, 수출국 내 부가가치 산업의 기회가 줄어든다는 것을 의미한다. 신흥 중국 시장은 분명 전 세계 목제품의 가치 사슬을 교란하고, 지속 가능한 관행을 촉진하는 데 파괴적 영향을 끼치고 있다. 이런 추세는 최근에 나타났고, 중국 경제가 성숙하면 중국도 더 높은 환경 기준을 요구하게 될 것이다. 그러면 열대림 경영 관행도 빠르게 개선될 것이다.

비목재 임산물

임산물 거래는 장뇌(딥테로카르푸스과 나무인 용뇌나무 *Dryobalanops aromatica*의 수액)와 딥테로카르푸스과의 다른 여러 나무들에서 나오는 경질 수지인 다마르를 수확해 판매했던 수천 년 전으로 거슬러올라간다. 실제로 이들은 가장 오래전부터 교역된 제품일 것이다. 특히 열대 지역에서 숲과 그 주변에 사는 사람들은 숲이 다양하고 풍부한 비목재 자원을 제공한다는 사실을 오래전부터 알고 있었다. 이곳 사람들에게 이런 비목재 임산물의 총 가치는 대개 목재 자체의 가치보다 훨씬 크다. 신세계가 제공하는 수확물에 대한 초기 문헌의 기술에서, 과일나무와 약초는 흔히 목재보다 높은 지위를 누렸다. 1649년에 런던의 〈온건파 신문Moderate Intelligencer〉은 아메리카에 건너간 이주민은 "획득하는 일이 즐거운 오락과도 같아서, 노동이나 수고를 들이지 않아도 손에 들어오는 그 고장의 자연 산물들을 가지고 풍족하게 먹고 입을" 수 있다고 지적했다. 이런 자원들은 주로 과일과 나무열매, 꿀, 사냥한 동물 같은 식품이지만, 약초나 건축 재료, 송진, 독도 있다. 아마존의 범람원 숲에 사는 사람들은 75종이 넘는 식물을 다양한 목적으로 사용한다고 알려져 있다. 그런데 푸난족 수렵 채집인 집단들과 인도네시아 보르네오섬 동부의 메랍족 화전농들에 비하면 이 정도는 아무것도 아니다. 이들은 1457종의 숲 식물들을 한 가지 이상의 용도로 사용한다. 이런 종들과 제품들 가운데 다수가 서서히 사라지고 있거나 완전히 사라졌는데, 서식지가 크게 변형되고 제조된 제품들로 대체된 탓이다. 그럼에도 열대림 지역의 많은 시골 거주자들은 계속해서 여러 가지 숲 자원들을 다양한 목적으로 수확해 이용한다. 숲에 사는 야생 식물의 자연사와 가치에 대한 토착민들의 전문 지식은 그 자체로 숲 지역 개발에 대한 계몽된 접근 방식을 장려할 수 있는 귀중한 자원이지만, 불행히도 그들의 전문성은 대체로 무시된다.

가난한 마을들은 숲 자원에 대한 의존도가 압도적으로 높다. 예를 들어, 인도 남부 서고츠산맥에 사는 솔리가스 부족 집단들이 거두어들이는 현금 수입의 60퍼센트가 비목재 임산물에서 나온다. 숲에서 나오는 식재료 가운데 일부는 이따금 채집하고 현금 가치가 거의 없어서 중요하게 취급되지도 않지만, 그럼에도 제철 음식과 수입 부족을 벌충하는 데 필수적이고, 따라서 비상 생계 수단을 제공한다. 즉 어려운 시절에 꺼내 쓰는 일종의 '자연 보험'인 셈이다.

미세 영양소 결핍으로 고통받는 사람들이 전 세계에서 20억 명에 이른다. 숲이 제공하는 식재료는 식생활의 다양성에 기여함으로써 이런 결핍을 완화할 수 있다. 아프리카의 경우, 숲 지역에 사는 어린이들은 일반적으로 더 많은 과일과 채소를 먹기 때문에 더 영양가 있고 균형 잡힌 식생활을 한다.

숲에서 채집한 산물들의 대부분은 현지에서 생계 수단으로 쓰이지만, 일부는 지역 시장과 세계 시장에서 거래되어 열대 지역의 많은 시골 사람들에게 수입을 제공한다. 아마존강 어귀의 저지대에서 대규모로 자라는 아사이팜(에우테르페속 *Euterpe* 종들)의 열매와 어린 줄기는 브라질에서 널리 거래되고, 국제적인 브라질너트 무역은 아마존에 사는 수천 명 주민들의 생계를 책임진다. 브라질너트는 자연림의 브라질너트 나무(*Bertholletia excelsa*)에서 채집되는데, 브라질너트의 무역 가치는 브라질, 볼리비아, 페루의 수백만 헥타르에 이르는 숲에 대한 법적 보호를 이끌어냈다. 브라질너트와 아사이팜 열매가 브라질 아마존 지역에서 벌어들이는 연 수입은 5000만 달러가 넘고, 다른 비목재 임산물까지 포함하면 이 지역의 연 수입은 약 7000만 달러에 이른다. 하지만 이런 산물들의 총 가치는 목재로 벌어들이는 수입(23억 1100만 달러)에 비하면 사소하며, 목재 산업도 브라질 아마존 지역에서 채광 산업과 방목업에 이어 세번째로 중요한 경제 활동에 불과하다. 많은 기구들이 주장하듯 비목재 임산물 가치를 근거로 열대림 보호를 주장하는 것은 단기적인 경제적 이익 차이에서 볼 때 무리가 있다.

약용식물

많은 열대림 식물들이 가지고 있는 수렴성, 독성, 쓴 성질은 이들이 의학적 목적으로 쓰일 수 있는 잠재력을 가지고 있음을 암시한다. 열대 외딴 지역의 가난한 마을들은 공공 보건 기관에 갈 여유가 없으며, 그럴 여유가 있다 해도 처방되는 약값과 진료비가 추가로 든다. 따라서 많은 사람이 숲의 야생식물들이 실제로 가지고 있거나 혹은 가지고 있다고 믿는 치료적 성질에 계속 의존하며, 이에 대한 지식은 축적되어 후대로 전해졌다. 숲의 많은 식물들이 설사와 열병에서부터 회충, 뱀에 물린 상처, 더 일상적으로는 비듬에 이르기까지 다양한 병을 치료하는 데 쓰인다.

숲 식물의 약제로서의 가치는 그들의 주요 자산 중 하나일 것이다. 크고 작은 제약 회사들은 열대림 식물에서 약리적 활성 화합물을 추출해낼 수 있을 것으로 기대하고 있다. 하지만 치료 가치에 대한 검사가 이루어진 것은 숲 식물 종들 가운데 아주 적은 일부에 지나지 않는다. 제약 회사들이 해당 지역에서 나는 약용식물에 대해 잘 아는 현지인들과 협력한다면 더 큰 효과를 거둘 수 있을 것이다. 예컨대 아마존 범람원 숲에 사는 사람들은 안디로바 나무(*Carapa guianensis*)의 기름 열매를 오랫동안 항염제와 방충제로 사용해왔는데, 제약 회사들은 현재 이 열매의 진통제로서의 성질을 추가로 검사하고 있다.

열대림에는 약으로서의 잠재력을 갖고 있는 식물들이 많기 때문에 인류의 질병 퇴치 능력을 위해 열대림을 보존할 가치가 있다는 주장이 흔히 제기된다. 하지만 식물을 검사해 효과를 철저히 검증하고 상업적 가치를 판별한 뒤 제품으로 구현하기까지는 갈 길이 멀다. 따라서 이런 노력은 거의 성공을 거두지 못했으며 소규모 신생 기업들의 다수가 문을 닫았다.

야생동물 고기

식물이 숲 자원의 대부분을 제공하지만, 숲의 야생동물은 열대 지역에 사는 많은 사람들에게 식생활의 중요한 부분을 차지한다. 사냥한 야생동물(고기)은 열대 전역에서 약 6000만 명에게 중요한 단백질 공급원이다. 콩고 분지 한 곳에서만 1년에 200만 톤이 넘는 고기가 소비되고, 아마존에서 야생동물 고기의 가치는 연간 1억 7500만 달러를 넘는다. 고기는 또한 제철 음식이 부족한 시기에 '안전망'을 제공한다. 특히 숲의 동물 자원에 의존해 기본적인 필요를 충족하는 극빈층의 경우는 말할 것도 없다.

인구가 증가하고 세계 무역망이 확장됨에 따라 고기는 널리 (흔히 불법적으로) 거래되는 상품이 되어 지역 내의 도시들로 팔려가고, 점점 런던 같은 훨씬 먼 국제도시들로까지 들어간다. 이런 추세는 많은 열대림 지역들에서 지나친 사냥을 초래한다. 벌목을 위한 도로와 농업의 확대로 새로운 숲 지역에 대한 접근성이 높아진 탓이다. 새로운 숲 지역으로 들어가는 사람들은 대개 벌목 회사 직원들이라서 특정 종의 사냥이나 전통적인 사냥철과 관련해 현지인들이 지켜온 금기도 시장 수요 앞에서 힘을 쓰지 못하고 있다. 몇몇 경우에는 숲의 동물들이 급격히 줄어 '텅 빈 숲 증후군'이라는 말까지 생겨났다.

사냥된 포유류의 다수는 열대 나무들의 열매를 퍼뜨리는

데 중요한 역할을 하므로, 그들의 손실은 숲의 재생과 구성에 장기적인 영향을 미칠 수 있다. 당장 걱정되는 것은 고릴라, 침팬지, 보노보 같은 아프리카 대형 유인원들이 처한 곤경이다. 이들은 야생동물 고기의 약 1퍼센트만을 차지하지만, 유인원 개체군이 작기 때문에 이 정도도 그들의 생존에 심각한 위협이 된다. 게다가 유인원은 번식률이 매우 낮기 때문에 사냥을 많이 하지 않아도 회복되기 어렵다.

생태계 서비스

숲은 아주 많은 생태계 서비스를 제공한다고 여겨진다. 생태계 서비스란, 인간의 웰빙에 대한 숲 생태계의 직간접적인 기여를 말한다. 이런 혜택에는 기후 조절, 홍수 통제, 오염 감소, 담수 공급, 토양 보호가 있다. 숲은 생명을 주는 기체인 산소를 대기로 퍼내는 '세계의 허파'로서, 그리고 빗물을 흡수했다가 가뭄 때 내보내는 거대한 스펀지로서 많은 사람들에게 칭송받아왔다. 실은 자연림과 대기는 대략적인 균형을 이루고 있어서 산소를 추가하지도, 제거하지도 않는다. 또한 숲이 가지고 있다고 흔히 생각하는 '스펀지 효과'도 확증된 바 없지만, 1900년대 초부터 제기된 많은 비판에도 불구하고 (산림 분야 학자들을 포함한) 많은 사람들에게 여전히 호소력을 지니며, 많은 국가의 산림 정책 및 산림 프로그램 속에 굳건히 자리잡고 있다. 숲 보존을 옹호하는 사람들 역시 이런 확증되지 않은 생태계 서비스 개념을 기꺼이 받아들인다.

수질과 수량

널리 인용되는 대표적 사례가 캐츠킬-델라웨어 분수령이다. 1997년에 뉴욕 시는 깨끗한 물 공급을 확보하기 위한 목적으로 토지 획득을 통해 숲을 보존하려고 시도했다. 생태계 서비스 개념은 흔히 알고 있는 바와 달리 새로운 것이 아니다. 실제로, 1885년에(무려 100년도 더 전이다!) 뉴욕에서 애디론댁과 캐츠킬 보존 구역을 조성한 것은, 무엇보다도 숲이 농업용수와 가정용 식수를 확실하게 확보해줄 수 있다고 믿었기 때문이었다. 마찬가지로, 19세기 중반 버마에서는 저수지 지역의 산림 파괴 때문에 가뭄이 발생한다고 생각한 식민지 정부가 산림 경영 개선에 나섰다. 2014년 초 잉글랜드 남부의 광범위한 지역에 홍수가 지속되었을 때, 홍수 보호에 숲이 중요한가를 둘러싼 논쟁이 (적어도) 영국에서 다시 불붙었다.

숲은 다른 식생 유형들보다 물을 더 많이 쓴다. 또한 숲의 임관은 빗물을 가로채는데, 이는 땅에 닿는 강우량을 줄여 홍수 통제에 기여한다. 침엽수림이 이 일에 특히 효과적이라서 강우량의 45퍼센트를 가로챈다. 활엽수림도 빗물을 가로채지만, 홍수 위험이 가장 큰 겨울에는 이 기능을 잃는다. 또한 비를 가로채는 능력이 강우 강도에 비례해 감소하는 탓에, 폭우가 쏟아질 때는 나무가 가로채는 강우량이 10퍼센트 이하로 줄어들 수 있다.

숲 토양에는 유기물이 풍부하다. 이는 토양에 개방 구조를 제공해 빗물이 시내와 하천으로 흘러가는 것을 지연시킴으로써 홍수 위험을 줄인다. 하지만 이 역시 한계가 있다. 큰 홍수는 이례적으로 강하고 오래 지속되는 강우 뒤에 발생하는데, 그럴 때는 숲 토양이 완전히 포화되어 빗물 저장 능력을 잃기 때문이다. 숲이 하류 홍수의 발생률과 강도를 완화하는 것은 맞지만, 특별히 강하고 오래 지속되는 강우로부터 우리를 보호하는 능력은 기대에 미치지 못한다. 숲은 홍수를 예방할 수 있지만, 기퍼드 핀쇼가 『산림학 입문A Primer for Forestry』(1905)에서 인정했듯이 "이 좋은 영향은 숲이 하천의 배수 지역의 넓은 부분을 덮고 있는 경우에만 유효하다. 심지어 그 경우에도 숲은 홍수를 완전히 예방할 수 없다".

나무뿌리와 낙엽은 빗물이 토양으로, 그다음에는 지하수로 침투하는 것을 촉진한다. 이는 건기에 물 흐름을 개선하는 역할을 한다고 추정된다. 이 추정은 직관적으로 타당하게 들리지만 증명하기는 어렵다. 더 건조한 기후에서는 나무로 덮여 있는 것이 물 공급에 해로운 영향을 미칠 수 있는데, 비가 나무에 붙잡혀 땅에 도달하기도 전에 대기로 증발하기 때문이다. 또한 나무는 토양수를 많이 소비함으로써 지표 위를 흐르는 물(지표 유출)의 양을 실질적으로 줄일 수 있다. 이는 하류 마을에 피해를 준다.

홍수를 완화하고 물의 흐름을 조절하는 숲의 역할에 대한 평결은 아직 나오지 않았다. 스펀지 효과를 뒷받침하는 증거가 파나마에서 발견되었는데, 방목지의 지표 유출이 숲보다 훨씬 많고 숲이 건기에 더 많은 물을 내보냈다. 하지만 재앙적 홍수와 가뭄의 역사적 패턴을 보면, 최근의 산림 파괴가 이런 사건들의 빈도에 아무런 영향을 끼치지 않았음을 알 수 있다. 1918년부터 1920년까지, 그리고 1953년에 다시 태국 북부 치앙마이 계곡에서 대규모 홍수가 일어났는데, 이때는 아직 울창한 숲이 많았다. 이런 복잡성에도 불구하고 사람들은 숲이 제공하는 생태계 서비스의 가치를 평가하려고 시도해왔다. 그런 시도 중 하나는 중국 숲의 물 저장 능력이 1조 달러의 가치를 갖는다고 추산한다. 이는 숲의 목재 가치의 약 3배다.

토양 보호와 위험 완화

지금으로부터 2000년도 더 전에 지중해 지역의 숲이 개벌되면서 광범위한 토양 침식과 토지 황폐화가 일어났다고 알려져 있다. 하지만 토양 침식을 막는 것은 나무가 아니라 하층 식물과 낙엽이다. 숲 개벌에 뒤이은 토지 황폐화와 토양 침식은 과방목이라든지 불 놓기 같은, 낙엽 피복을 줄이고 토양의 유기물을 파괴하는 잘못된 토지 이용 관행들 탓인 경우가 더 많다. 고전 시대에 개벌된 지중해 숲 지역은 양, 염소, 돼지 등으로 채워졌다. 따라서 숲 개벌에 뒤따른 과방목이 토양 침식의 주된 원인이었을 확률이 높고, 그것은 지금도 마찬가지다.

산지에서 낙석과 산사태는 항상 존재하는 위험이다. 숲의 주된 기능 가운데 하나는 이런 자연적 위험으로부터 사람들과 기반시설을 보호하는 것이다(그림 26). 스위스에서는 숲의 43퍼센트가 보호 기능을 가지고 있어서, 산악 지역에 있는 많은 마을들은 숲의 보호가 없다면 거주할 수 없는 곳이 될 것이다. 스위스의 안데르마트 지방자치체는 오래전인 1397년에 보호 기능을 가지고 있는 숲의 일부를 채취하는 것을 금지했다. 심지어는 나무에서 솔방울을 따는 것도 금지되었다. 숲의 보호 기능은 바위의 이동, 눈사태, 산사태를 막는 것이다. 땅에 쓰러진 죽은 나무조차 아래쪽으로의 이동을 제한해, 댐처럼 눈과 토양을 저지할 수 있다. 보호림을 인공 산사태 차단벽, 계단식 밭, 또는 댐으로 대체할 수 있다. 숲의 기능이 일시적 또는 영구적으로 손상되었을 때 흔히 그렇게 한다. 하지만

26. 많은 산지는 산사태와 낙석을 막아주는 나무가 없다면 거주할 수 없는 장소가 될 것이다. 스위스 알프스의 한 숲에서 떨어지는 바위를 나무가 막았다.

그렇게 하는 데 들어가는 장기적 비용은 숲을 유지하는 비용의 약 1000배로 추산된다.

열대 해안에 조성된 맹그로브림(홍수림)도 비슷한 보호 기능을 한다. 하지만 이 경우에는 위험이 폭풍파와 쓰나미(지진해일)다. 맹그로브림의 빽빽한 근계는 퇴적물을 붙잡아 파도의 타격을 끊임없이 받는 해안을 안정시킨다(그림 27). 맹그로브는 쓰나미의 파괴적 에너지를 90퍼센트까지 줄인다. 이 효과는 2004년 인도양 쓰나미 때 극적으로 입증되었다. 당시 맹그로브가 보호하던 마을들은 쓰나미의 완전한 힘에 노출된 마을들보다 사상자가 훨씬 적었다. 그런 보호가 얼마나 효과적인지는 맹그로브 서식지의 질에 달려 있는데, 현재 많은 맹그로브림이 황폐화된 탓에 보호 기능을 제대로 발휘하지 못한다.

탄소 저장과 배출

숲은 육상 탄소의 약 45퍼센트를 저장한다(열대림이 25퍼센트, 북방림이 12퍼센트, 온대림이 8퍼센트다). 이 탄소는 식물의 생물량과 토양에 들어 있지만, 그 비율은 숲의 유형에 따라 다르다. 북방림에서는 분해 속도가 느린 탓에 탄소의 대부분이 토양에 갇혀 있다. 짧고 추운 여름과 침엽수림 토양의 높은 산

27. 케냐 해안가의 맹그로브 근계는 퇴적물을 안정화하고 파도의 피해와 폭풍 해일로부터 해안 지역을 보호한다.

도가 분해를 방해해 유기물이 축적되므로, 북방림의 탄소 보유량은 헥타르당 평균 450톤이다. 반면, 습한 열대림에서는 탄소가 식물의 생물량과 토양으로 비교적 균등하게 분배된다. 덥고 습한 열대 조건에서는 식물 물질이 빠르게 분해되고, 탄소가 호흡을 통해 사라지기 때문이다. 그럼에도 열대림은 생산성이 높아서 탄소 보유량이 헥타르당 약 270톤에 이른다. 온대림은 전반적으로 가장 적은 양의 탄소를 보유한다. 탄소 보유량이 헥타르당 평균 170톤에 그치는데, 그 가운데 3분의 2가 토양 속에 있다.

한때 우리는 교란을 받지 않은 자연림의 탄소 흐름은 압류된 탄소량과 방출된 탄소량이 균형을 이루는 평형 상태를 이루고 있다고 생각했지만, 새로운 관찰은 숲이 방출하는 양보다 더 많은 탄소를 흡수하고 있으며 숲은 탄소 흡수원의 대략 절반을 차지한다는 것을 보여준다. 대기 중의 증가하는 이산화탄소 농도뿐 아니라 공업, 농업, 화석 연료에서 배출되는 질소는 전 세계의 나무 성장을 촉진하고 가속화하고 있다. 하지만 현재 많은 숲이 교란에 처하고 있으며, 열대림 파괴는 온실가스를 배출하는 중요한 요인이 되었다. 매년 열대림이 농경지로 바뀌면서 대기 중으로 어마어마한 양의 탄소가 방출된다. 이는 온실가스 배출에 직접적인 원인이 될 뿐 아니라, 인류의 각종 배출물을 숲 성장을 통해 완화하는 지구의 능력을 저하시킨다. 한편으로, 현재 온대와 열대 지역 모두에서 농경지였던 땅에 숲이 재생되면서, 이런 지역들이 중요한 탄소 흡수원의 역할을 한다. 적극적으로 숲을 회복시키는 일은 온실가스 배출을 경감하는 인기 있는 수단이 되었다.

기후 조절

숲은 그늘을 드리우고, 잎의 기공을 통해 수분을 발산하고, 탄소를 압류한다. 그리고 그렇게 함으로써 국지적·지역적·세계적 규모로 환경을 식힌다. 날씨가 뜨거운 날 숲에 들어간 사람은 누구나 숲 하층의 시원한 공기에 감사할 텐데, 그것은 숲 지붕이 그늘을 드리워 뜨거운 태양 열기를 막아주는 탓이다.

물이 식물을 통과해 이동한 다음 잎을 통해 증발하는 '증산 작용'은 열을 소비함으로써 상당한 냉각 효과를 낸다. 화창한 날 제법 큰 나무 한 그루는 대략 200리터의 물을 증발시킬 수 있다. 이는 약 140킬로와트시의 태양열을 물방울 속의 잠열로 전환한다. 이 축축하고 따뜻한 공기는 위로 올라가면서 식어 구름을 만들고, 이 구름은 다른 어딘가에서 비를 뿌린다. 이 과정에 근거해, 지역적인 강우량 감소와 사막화가 산림 파괴 탓이라는 믿음이 널리 퍼지게 되었다. 대부분의 기후과학자들은 전 세계 강우 체제를 결정하는 데 있어서 산림 피복이

하는 역할을 그다지 비중 있게 보지 않지만, 숲이 지역적 기후를 조절하는 데는 일정한 역할을 한다고 생각한다. 산불도 지역적인 강우량 감소에 책임이 있다고 알려져 있다. 연기는 대기를 에어로졸 입자로 포화시켜 구름이 덮는 면적을 줄이는데, 에어로졸 입자가 대기 중의 물방울을 붙들어 묶어서 빗방울 형성을 막는 탓이다. 따라서 큰불이 발생하면 바람 부는 방향으로 수백 킬로미터까지 확장되는 비 그늘이 만들어질 수 있다. 한 예로 코스타리카의 몬테베르데 운무림에서 비와 안개가 감소한 것은 카리브해 해안 저지대의 숲을 개벌하고 불태운 탓으로 여겨졌다.

숲의 증산 작용으로 인한 냉각 효과는 숲의 비교적 낮은 표면 반사율(들어오는 태양복사를 반사하는 비율)에 의해 상쇄된다. 이는 땅이 태양에 더욱 달구어지게 함으로써 지역 온난화와 지구 온난화의 원인이 된다. 북방림은 겨울에 표면 반사율을 줄이는 역할을 한다. 나무가 없는 경관에서는 들어오는 태양복사의 대부분을 눈이 반사할 것이다. 따라서 북방림은 상당한 기후 온난화 효과를 낸다. 그러므로 북방대의 산림 파괴는 지구 한랭화의 원인이 될 수 있다. 하지만 북방대 생태계는 수천 년 동안 토양, 영구 동토, 습지에 축적된 방대한 양의 탄소를 보유하고 있는 탓에, 숲이 개벌되면 그것이 온실가스로 대기에 방출된다.

온대림의 반사율이 지역적 · 세계적으로 어떤 효과를 미치는지는 이보다 덜 확실하다. 미국 동부에서는, 숲의 낮은 표면 반사율 탓에 더운 여름 기후가 유지된다. 북아메리카 냉온대 지역에서도, 나무들이 눈의 표면 반사율 효과를 없앰으로써 온난화 효과를 낸다. 온대림이 경작지로 바뀐 것은 지역적 · 세계적 기후에 꾸준히 냉각 효과를 미쳤을 것이다. 하지만 표면 반사율 효과는 간단치 않은데, (농경지에 비해) 높은 숲의 증발산율이 표면 공기의 온도를 떨어뜨리는 탓이다. 겨울의 낮은 표면 반사율과 여름의 높은 증발산율은 온도에 정반대 방향으로 영향을 끼치므로, 온대림이 기후에 미치는 순 효과는 매우 불확실하다.

숲이 다양한 규모에서 기후에 끼치는 영향들의 순 효과를 결정하는 데는 많은 어려움이 있다. 기후에 영향을 끼치는 과정들, 그리고 서로 다른 숲들이 그 과정에 어떤 영향을 끼치는지와 관련해 아직 많은 것이 불확실하다. 열대림의 경우, 표면 반사율과 관련한 온난화는 증산을 통한 강력한 냉각 효과에 의해 상쇄되고도 남는다. 이 사실은 아마존, 아프리카, 열대 아시아에서 지역적 규모로 입증된 것처럼 보이는데, 숲이 대거 사라진 다음에는 흔히 지역적으로 더 덥고 건조한 기후가 찾아왔기 때문이다. 북방림의 경우 낮은 표면 반사율 효과는 탄소 격리 효과를 능가해서, 지구 기후에 온난화라는 순 효과를 미친다. 온대림의 기후 효과가 가장 명확하지 않다. 많은 온대림이 확장되면서 숲의 생물량에 탄소를 격리하고 있기는 하지만, 표면 반사율과 증발의 효과는 다른 숲 생물군계에 비해 분명치 않다.

숲은 표면 반사율, 증발산, 탄소 유입의 종합적인 효과를 통해 기후 변화를 증폭하거나 완화할 수 있다. 열대림의 높은 탄소 축적률은 강력한 증발 냉각 효과를 증대시키지만, 이것이 인류에게 주는 혜택이 지속되느냐는 열대림의 가뭄 회복력과 산림 파괴 규모에 달려 있다. 탄소 흡수원으로서의 역할, 산불과 산불이 생산하는 에어로졸 및 활성가스의 기여 효과, 산림 파괴가 구름 형성과 강우에 미치는 효과 등, 아직 많은 것이 알려져 있지 않다.

우리가 숲이 기후에 가져다주는 혜택을 더 잘 이해하게 되면, 기후 변화를 완화할 수 있는 방향으로 토지 이용 정책을 정교하게 만들 수 있을 것이다. 산림 파괴를 피해 온실가스 배출을 줄이는 방법으로 기후 변화를 완화하려는 정책 입안자들은 이런 정책이 열대에서만 통한다는 사실을 알 필요가 있다. 표면 반사율, 증발산, 탄소 격리 효과들이 균형을 이루고 있다는 사실로 미루어볼 때, 온대림이 기후에 주는 순이익은 거의 없는 반면 북방림의 순 효과는 온난화일 것이다. 각 과정들의 공간적 규모는 차이가 있다. 온실가스는 대기에서 충분히 섞여 장기적인 시간 척도에 걸쳐 지구 기후에 영향을 주는 반면, 지구물리학적 피드백은 지역적이라서 더 즉각적인 영향을 준다.

숲이 기후 변화를 완화하는지 강화하는지는 지구 온난화에 따라 달라질 것이다. 기후가 온난해져 눈으로 덮인 면적이 줄면, 북방림에서 눈의 표면 반사율 효과를 나무가 제거하는 현상은 덜 중요해질 것이다. 한편, 기후가 더 건조해지면 숲에 의한 증발 냉각은 감소할 것이다. 아직 큰 불확실성이 남아 있다. 우리가 현재와 미래의 도전들에 포괄적으로 대응하기 위해서는 기후 변화 완화 정책을 만들 때 기후 변화, 생태계 반응, 인간의 토지 이용 사이의 상호작용을 함께 다룰 필요가 있다.

생물다양성

1991년 9월 26일, 여덟 명의 사람들이 애리조나 사막에 만들어진 1헥타르가 조금 넘는 면적의 밀폐된 유리 구조물 안에 2년 동안 격리되었다. 이 바이오스피어 2 실험은 행성 지구와 완전히 독립된 한 계(系)가 자족적인 인간 집단을 부양할 수 있는지 알아보기 위해 실시되었다. 상당한 규모의 계획과 투자가 이루어졌고, 3000종이 넘는 동식물 종을 사막, 사바나, 우림, 바다, 맹그로브 생물군계에 분포시켰음에도, 바이오스피어 2의 산소 농도는 급격하게 줄기 시작했고, 덩굴식물이 식량 식물들을 뒤덮기 시작했으며, 바퀴벌레와 개미 개체군은 폭발적으로 증가한 반면, 수분을 매개하는 곤충들과 조류 및 포유류의 대부분이 죽었다. 첫 2년간의 실험이 완료되었지만, 적절한 음식, 물, 공기를 제공할 수 있는 생태계 서비스를 유지하는 것은 불가능한 일임이 판명되었다. 이 호사스러운 실험에서 우리가 얻은 귀중한 교훈은, 지구가 생명을 부양할 수 있는 것은 제대로 기능하는 풍부한 생물다양성이 있기 때문이며, 이 생물다양성의 축소판은 아무리 신중하게 계획한다 해도 자연적 다양성의 풍부함과 복잡성을 대체할 수 없다는 것이다. 육상 생물다양성의 대부분이 숲에 있으며, 따라서 기능적인 생태계가 제공하는 상품과 서비스를 지키고 싶은 보존과학자들의 관심은 숲으로 향한다. 하지만 사실상 우리가 전 세계 숲에 사는 생명에 대해 파악한 것은 아주 작은 부분에 불과하다. 뉴기니의 우림을 포함해 숲의 많은 부분이 아직 식물학적으로 철저히 연구되어 있지 않은 탓에, 우리는 지구에 존재하는 관다발 식물의 총수를 대략 30만 종에서 50만 종으로 추측할 수 있을 뿐이다. 이러한 생물다양성을 얼마나 많이 잃어야 우리가 의존하는 생태계 서비스가 심각하게 저하될지에 대해서도 잘 알지 못한다.

그렇지만 이런 다양성의 가치를 알고, 생물다양성 자체와 그것이 주는 경이를 찬미하는 데는 지식의 한계가 문제가 되지 않는다. 나는 생태계 서비스 상실에 대한 우려가 아니라 이런 경이가 우리의 숲 보존 노력을 추동하는 주된 동인이라고 생각한다. 하지만 사회가 점점 도시화되면서 숲 생명의 위대한 다양성에 직접 노출될 기회가 줄어들고 있다. 그러므로 전 세계 숲이 보유한 생물학적 유산을 우리 스스로 끊임없이 상기할 필요가 있다.

가장 큰 생물학적 경이를 불러일으키는 곳은 물론 열대림이다. 화려한 그림책들이 이 경이를 아름답게 전달하지만, 드러난 것이 전부는 아니다. 열대림에는 식물, 동물, 균류가 엄청나게 풍부한 것이 사실이지만, 생명의 다양성을 제대로 파악하기 위해서는 훈련된 눈이 필요하다. 어느 한 장소에 있는 나무들은 대체로 엇비슷해 보이지만, 종 목록이 세밀하게 작성된 숲들의 나무 종의 수를 비교해보면, 에콰도르나 말레이시아의 우림에는 헥타르당 200종이 훌쩍 넘고, 아프리카와 중앙아메리카의 습윤림에는 헥타르당 약 60종에서 100종, 북반구의 온대림에서는 10~20종으로 떨어지고, 북방림에서는 2~5종 정도로 적다(그림 28).

열대에서 온대까지의 이런 생물다양성 분포는 동물 종 다양성에서도 비슷하게 나타난다. 페루 아마존의 서부 지역에서

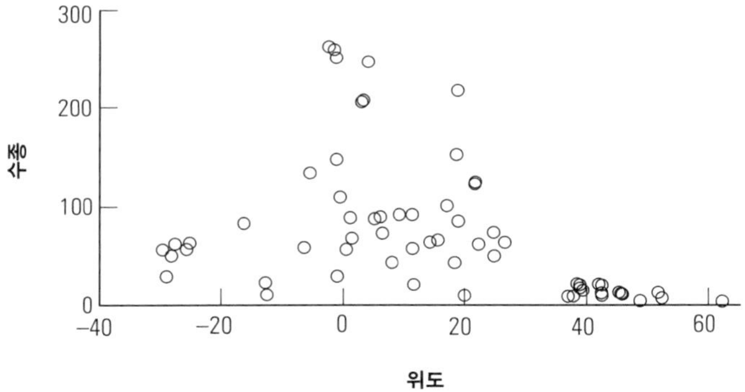

28. 열대에서 북방대까지의 수종 다양성 분포(음수는 남반구를 뜻한다). 다양성 값은 헥타르당 서식하는 수종의 평균 개수로 나타낸다. 종 다양성은 고위도에서 감소하지만, 열대에서는 숲의 유형과 지역에 따라 상당한 차이를 보인다.

새를 열심히 관찰하면 겨우 50제곱킬로미터 면적 안에서 금세 550종을 기록할 수 있다. 이에 비해, 영국 전체 면적 24만 4000제곱킬로미터에서는 아무리 열심히 관찰해도 기껏해야 240종의 새를 발견할 수 있을 뿐이다. 열대림에는 포유류도 많은데, 그중에서도 박쥐가 모든 포유류 종의 절반을 차지한다. 박쥐 다음으로 많은 것은 설치류다. 박쥐와 설치류는 비록 가장 카리스마 있는 포유류 집단은 아니지만 기능적으로는 아마 가장 중요할 것이다. 꿀을 먹는 박쥐들은 많은 열대 나무의 수분을 매개하고, 과일을 먹는 박쥐들은 그 밖에 많은 나무들의 씨를 퍼뜨린다. 다른 박쥐들은 뛰어난 식충동물이라서 매일 밤 날개로 수천 마리의 곤충을 잡는데, 이는 열대 지방에서 말라리아를 옮기는 모기와 농해충을 방제하는 데 도움이 된다.

설치류는 다량의 씨를 먹는데, 그 장소에서 가장 풍부한 씨를 편식한다. 그 결과 그들은 드문 나무 종이 존속할 수 있도록 돕고, 그렇게 함으로써 열대림에서 나무의 다양성이 높게 유지될 수 있도록 기여한다. 온대림의 다람쥐, 아메리카 열대의 아구티쥐, 그 밖에 전 세계의 많은 설치류는 풍요의 시기 동안 만일의 경우에 대비해 안전한 장소에 씨를 넣어둔다. 이 씨들의 다수가 되찾기 전에 발아한다. 그 결과 설치류는 비록 의도한 것은 아니지만 식물 확산의 중요한 중재자 역할을 한다. 이것은 식물의 장기적 존속에 꼭 필요한 과정이며, 또한 씨가 풍부한 지역에서 동물들이 그것을 모두 먹어 치우기 전에 씨를 꺼냄으로써 나무의 다양성을 높게 유지한다.

대부분의 사람들은 열대림에서 영장류를 볼 수 있기를 바랄 것이다. 270종의 영장류 가운데 거의 전부가 오스트레일리아와 태평양 연안을 제외한 열대 전역의 숲에 의존해 살아간다. 상록 열대림에서 1년 내내 구할 수 있는 과일과 잎은 영장류에게 도움이 되는 조건이라서, 한 장소에서 과일 생산성은 그곳에 사는 영장류의 수 및 다양성과 큰 상관성을 보인다. 과일을 좋아하는 습성은 영장류를 훌륭한 씨 전파자로 만든다. 아시아의 호랑이라든지 남미와 중미의 재규어 같은 큰 고양잇과 동물들은 영장류와 더불어 열대림의 상징이다. 육식동물들은 초식동물의 수를 낮게 유지하고 그 결과 나무 재생을 도움으로써 숲의 구조에 영향을 준다. 이런 대형 육식동물의 상실은 이미 열대림과 온대림 모두에서 숲의 구조와 구성에 영향을 주는 연쇄적인 변화들을 초래하고 있다. 예컨대 늑대 같은 숲의 육식동물을 멸종시킨 것은 유럽과 아메리카의 많은 숲에서 사슴 개체군이 늘어나는 데 적어도 부분적으로 기여했다. 사슴의 증가는 인간의 이해와 충돌하는데, 사슴이 어린 나무를 죽이고 성숙한 나무에 상처를 입힐 뿐 아니라, 장기적으로 숲의 식물상과 구조를 눈에 띄게 바꾸기 때문이다.

지구상의 800만 내지 900만에 달하는 종 가운데 둘 중 하나는 열대림의 곤충이라고 말해도 크게 틀리지 않을 것이다. 화려한 열대 나비들이 금방 떠오르겠지만, 이들은 수적으로나 기능적으로 중요하지 않다. 열대림과 그 밖의 모든 숲을 대표하는 곤충은 딱정벌레로, 전 세계에서 35만 종 이상이 보고되었다. 나비는 예쁘지만 딱정벌레는 여러 가지 일을 한다. 그들은 배설물과 동물 사체를 재순환시키고, 씨를 퍼뜨릴 뿐 아니라 먹고, 많은 나무들의 수분을 매개할 뿐 아니라 나무에 상처를 입히거나 심지어 죽이며, 다른 무척추동물을 잡아먹는 포식자이거나 순한 초식동물들이다.

숫자로만 보면 개미가 숲의 다른 모든 곤충을 압도한다. 아마존 우림의 총 곤충 생물량의 약 3분의 1을 개미가 차지한다. 종수로는 개미가 딱정벌레보다 훨씬 적지만(전 세계에 약 1만 1000종이 존재한다), 이들의 절대다수가 열대림에 산다. 더 실감나게 설명하면, 영국섬 전체에 사는 개미는 겨우 50종인 반면, 보르네오섬 사바의 나무 한 그루에서 61종의 개미가 채집되었고, 중앙 아마존의 또다른 나무에서는 95종이 채집되었다. 개미가 특히 많은 곳은 사실 숲의 임관이다. 이것은 놀라운 사실이다. 왜냐하면, 생태 이론에 따르면 포식자들은(개미는 대부분이 다른 동물을 먹는 포식자들이다) 먹이의 양에 따라 그 수가 제한되므로 숲의 임관에서 비교적 작은 개체군만을 유지할 수 있기 때문이다. 하지만 개미는 숲의 임관에서 대규모 개체군을 유지할 수 있는 것으로 드러났는데, 그들이 수액을 먹는 곤충들을 보호하고 돌보며 그들로부터 삼출액(단물)을 수확하는 덕분이다. 따라서 개미는 이 곤충들을 (먹이로서) 단백질 공급원으로 이용할 뿐 아니라, 간접적인 초식동물이 됨으로써 그 곤충들을 통해 탄수화물을 얻는다.

숲의 다양성을 구석구석 파악하기는 불가능에 가깝고, 우리의 지식은 매우 듬성듬성하다. 그렇다 해도 우리는 숲의 생산성과 우리가 숲에서 얻는 생태계 혜택이 잘 작동하는 생태계에 의존하고 있음을 안다. 그런 생태계는 숲의 종 다양성과 그 종들 사이의 상호작용이 만들어내는 산물이다. 만일 이것이 신중한 산림 경영이 필요한 충분한 이유가 되지 않는다면, 숲의 풍부한 다양성과 아름다움을 떠올려보라. 그것으로 충분한 이유가 생길 것이다.

제 6 장

과거, 현재, 미래

과거: 유럽 산림 파괴의 역사

40년도 더 전에 영국 최초이자 가장 유명한 역사지리학자로 여겨지는 헨리 다비(Henry Darby)는 "유럽의 경관을 바꾼 한 가지 가장 중요한 요인은 숲 개벌"이라고 말했다. 인류가 써온 숲의 역사는 주로 산림 파괴의 역사이고, 그것은 인류 역사 자체만큼이나 오래되었다. 수렵 채집인들은 농부들에 비해 환경에 가시적인 흔적을 덜 남기지만, 그렇다 해도 그들이 숲에 끼치는 영향은 여전히 상당할 것이다. 유럽의 후기 구석기와 중석기 사람들은 돌도끼로 자신들의 자작 농장 주변의 작은 숲을 정리했다. 더 중요한 것은, 그들이 자신들이 사냥하는 야생동물들을 유혹하기 위해 불을 사용해 임지를 목초지로 바꾸었다는 점이다. 이것은 이미 오스트레일리아의 원주민 집단이 오랫동안 썼던 방법으로, 그들은 5만 년 이상 불을 사용해 경관을 바꾸었다.

유럽에서 자연림의 파괴는 신석기와 청동기(기원전 2400~750년) 내내 계속되었고, 쇠도끼와 쟁기 덕분에 숲 개벌과 토양 경작이 쉬워지자 더욱 심해졌다. 기원전 500년쯤 유럽 대부분은 원래 숲으로 덮여 있던 땅의 대부분을 잃었다. (서기 43년에) 로마인들이 잉글랜드를 침입했을 때 그들은 잘 경작된 땅을 발견했을 것이다. 로마의 고도화된 산업은 다양한 목적에 쓰이는 특정 종류의 목재 공급을 요했다. 듬성듬성 남아 있는 자연림에만 의존해서는 공급량을 맞출 수 없었다. 당시 자연림은 규모가 크게 감소한 것은 물론이고, 균일한 산물을 지속적으로 제공할 수 없었기 때문이다. 따라서 분명 산림 경영 체계가 마련되었을 것이다. 그 가운데 하나가 왜림(矮林) 작업으로, 이것은 기둥, 땔감, 목재로 쓸 다수의 움을 키우기 위해 나무를 지표면에 가까운 높이로 주기적으로 베는 일이다. 사실 왜림 작업을 처음 시행한 것은 신석기 사람들이었고, 그때부터 자연림의 일부가 경영되는 임지로 바뀌기 시작했다.

우리는 로마 제국이 몰락한 이후의 중세 암흑기 사람들에 대해서는 잘 모르지만, 로마가 몰락한 뒤 유럽 인구는 줄었던 것으로 보이고, 그것은 아마 역병 탓이었을 것이다. 따라서 숲은 부분적으로 회복되었을 것이다. 1086년에 실시된 둠스데이 조사(Doomsday Survey)를 보면, 잉글랜드에 숲으로 덮인 지역이 별로 없었으며 조사 대상 마을들의 절반만이 임지에 접근할 수 있었다고 나온다. 그러니 자연림이 남아 있었을 가능성은 매우 낮다.

1100년경부터 유럽에 자리잡기 시작한 강력한 중앙집권 국가들은 힘을 표출하기 위해 웅장한 대성당과 성을 지었는데, 이 모두는 막대한 양의 나무와 목재를 필요로 했다. 게다가 나무는 그 밖에도 집과 풍차를 포함해 거의 모든 것을 짓는 데 쓰였다. 심지어 풍차는 1322년에 벌써 잉글랜드 북부의 광범위한 산림 파괴의 원인으로 지목되었다. 또한 증가하는 인구는 더 많은 농경지를 필요로 했다. 곧 목재 수요가 공급을 앞질렀던 것으로 보인다. 1190년에서 1280년 사이에 건축된 잉글랜드의 링컨 대성당을 보면, 지붕에서 가장 빨리 완성된 부분에 사용된 목재가 나중에 완성된 부분에 사용된 목재보다 크기가 더 크고 더 오래된 나무에서 자른 것인데, 이는 큰 나무가 점점 줄어들었음을 암시한다.

숲은 그곳의 자원을 자신들의 필요를 위해 사용하려는 지역 주민들과, 임지에서 수입을 확보하려는 군주, 주교, 지주 들 사이에 갈등을 일으키는 원인이 되었다. 이웃하는 도시들과 지역들은 나무에 대한 접근권을 놓고 대립했다. 전(前) 산업시대 유럽에서 15세기부터 18세기까지 대규모 나무 채취가 광범위한 지역으로 빠르게 확대되었는데, 나무가 필요한 곳이 점점 늘어났기 때문이다. 그 가운데 하나가 철 제련으로, 여기서 만들어진 도끼와 쟁기는 다시 농업을 위해 더 많은 숲을 개벌하는 데 쓰였다. 특정 요구에 부응하기 위해 다목적 숲이 단일 목적을 위한 더 집중적인 목재 생산으로 서서히 대체되었고, 왜림 작업의 순환이 짧아지면서 높은 숲이 사라졌다. 이런 추세는 처음에는 지중해 지역에서 시작되어 다른 곳으로 퍼졌다.

인류의 확장이 환경에 미치는 파괴적 영향을 처음 포괄적으로 기술한 영어 문헌은 조지 퍼킨스 마시(George Perkins Marsh)의 책 『인간과 자연, 또는 인간 행동으로 변화된 자연지리Man and Nature; Or, Physical Geography as Modified by Human Action』(1864)다. 마시는 인간이 자연을 이용할 권리에는 문제를 제기하지 않았지만, '탕진'을 강하게 비난하면서 "우리가 유기적 생명의 바다에 아주 작은 돌멩이를 던질 때 자연의 조화에 일으키는 교란의 원이 얼마나 넓을지 우리는 결코 알 수 없다"고 경고했다. 그러면서 그는 "지리적 재생"을 달성하기 위해서는 "거대한 정치적·도덕적 혁명"이 필요할 거라고 주장했다.

마시의 경고는 처음에는 제대로 주목받지 못했지만, 『인간과 자연』은 유럽과 북아메리카의 숲에 대한 태도에서 하나의 전환점이 되었다. 특히 목제품의 지속 가능한 공급을 확보하기 위해서는 산림 경영이 필요하다는 점을 인식하는 계기가 되었다. 그의 관점은 사실상 오늘날 지배적인 환경 패러다임인 지속 가능성의 시작이었다.

현재: 산림 파괴와 재조림(再造林)

유럽의 산림 파괴는 최근에 일어나고 있는 열대림 파괴의 전조였다. 그 규모는 연간 약 1200만 헥타르에 이른다. 세계 인구와 경제의 극적인 성장은 세계 무역망의 팽창과 함께 빠르고 광범위한 열대림 파괴를 추동했다. 인류 역사의 어느 때보다 많은 숲이 1980년대에 개벌되었는데, 특기할 점은 거의 모든 파괴가 열대에서 이루어졌다는 것이다. 1990년대도 이에 크게 뒤처지지 않았다.

열대림 개벌은 수년 동안 세계 언론의 스포트라이트를 받은 익숙한 이야기지만, 산림 파괴는 열대림만의 현상이 결코 아니다. 1998년에 양쯔강 중간 지역에 일어난 재앙적 홍수로 수천 명이 죽고 수백만 명이 집을 잃었다. 산림 파괴가 원인으로 지목되자, 중국 정부는 곧 자연림의 벌목을 금지했다. 중국의 목재상들은 다른 목재 공급처를 찾아야 했다. 그들은 러시아로 눈을 돌렸다. 1996년부터 2006년까지 10년 동안 러시아의 북방림에서 채취되어 중국으로 수출되었다고 공표된 목재의 양은 (2000만 세제곱미터 이상으로) 34배 증가했다. 중국의 목재 수요는 시베리아와 러시아의 극동 지역 북방림에서 상당한 산림 파괴를 일으키고 있는데, 이 가운데 약 50퍼센트가 불법이다. 북방림과 열대림 파괴에는 비록 지리적으로는 먼 곳이지만 유럽에 사는 사람들도 연루되어 있다. 중국이 수입하는 목재의 상당수가 값싼 목제품이 되어 유럽과 미국으로 수출되기 때문이다. 이 과정은 전 세계 산림 파괴의 원인이 되고, 결국 세계에서 가장 소외된 사람들이 피해를 입는다.

산림 파괴를 추동하는 요인들

가장 기본적인 수준으로 내려가면 산림 파괴는 결국 기회비용 문제로 귀결된다. 숲을 다른 용도로 이용함으로써 얻는 가치가 숲을 그대로 보유하는 가치보다 크다면 숲은 개벌될 것이다. 더 많은 농경지가 필요해지는 것이 예나 지금이나 산림 파괴의 주된 동인이다. 기본적으로 농경지가 숲보다 더 가치 있기 때문에 숲은 개벌된다. 하지만 이 간단한 명제는 많은 애매한 사실들을 감춘다. 특히, 가치는 어떻게 결정되며 어떤 가치가 실현되는가의 문제가 모호하다. 근본적인 사회적·경제적·정치적 의제가 토지 이용 가치와 숲 손실 과정에 영향을 미친다. 자원 사유화, 인플레이션에 의해 추동되는 땅 투기, 성장 중심의 정부 의제는 숲의 개벌을 선호하는 기회들과 조건들을 조성한다.

16세기 중반 이래로 일어난 브라질 대서양림의 산림 파괴는 설탕, 면화, 커피를 재배하는 농장과 소 방목장을 설치하고 거기에 투자한 것의 직접적인 결과였다. 처음에는 식민지 행정부가 이를 촉진했고 브라질 정부도 계속했다. 아마존에 대한 공격은 훨씬 늦게 시작되었다. 처음에는 경제 개발이 목적이었지만, 토지와 자원, 행정구역에 대한 통제를 확보하려는 정치적 필요가 그것을 더욱 부추겼다.

동남아시아, 특히 인도네시아에서는 정부가 안보와 통제라는 숨은 의도를 가지고 외딴 산간 지역의 개발을 촉진하기 위해 주도적으로 추진한 이주 정책이 중요한 요인으로 작용했다. 자바, 발리, 롬보크처럼 인구밀도가 높은 내부의 섬들에서 수마트라, 칼리만탄, 파푸아 주의 외진 산간 지역들로 사람들을 이주시키는 것은 1960년대 중반부터 인도네시아 정부 정책의 기둥으로 자리잡았다.

초국가적 규모에서 보면, 세계화된 시장과 지역 및 세계의 변동하는 경제 건전성이 산림 파괴 활동을 가속하고 때로는 억누르기도 한다. 농산품 가격이 오르면 산림 파괴도 증가한다. 숲을 보유하는 기회비용이 올라가기 때문에 더 많은 농작

물을 심기 위해 숲이 개벌되는 것이다. 2008년에 브라질 아마존의 산림 파괴가 급증하기 전에 세계 농산물 가격이 급등했다. 또한 팜유, 대두, 사탕수수를 포함해 생물 연료에 대한 수요가 세계적으로 증가하면서 숲을 베고 농지로 전환하기 위한 대대적인 산림 개발이 이루어졌다(그림 29). 반대로 경제 불황은 산림 파괴 속도를 늦추는데, 세계적으로 제품 수요가 줄고 농업 투자 기금이 바닥나는 탓이다. 브라질에서 1987년부터 1991년까지 이어진 경제 불황 시기는 전국의 산림 파괴 속도가 감소한 시기와 일치했다.

2008년에 산림 파괴가 급증하긴 했지만, 2012년에 브라질 아마존의 산림 파괴는 2003~2004년의 최고점보다 80퍼센트 이상 감소했다. 그 원인으로는 거시경제 추세, 법 집행 증가, 정부 정책, 그리고 환경운동가들의 압력에 못 이긴 민간 부문의 적극적 행동이 지목되었다. 이는 세계 최대의 열대림이 재조림으로 돌아서기 시작했다는 신호일 수 있다. 그렇다 해도, 그간의 산림 파괴와 재조림 사례를 보면 재조림으로의 이행은 순탄하지 않을 것이다. 예컨대 토지 소유자가 보존해야 하는 임지 면적과 관련하여 최근에 바뀐 브라질의 산림 정책, 그리고 새로운 인프라 사업의 확대 추진은 최근에 얻은 환경적 이득 가운데 일부를 수포로 돌릴 수 있다. 2012년 7월 이래로 숲 개벌이 급증한 것이 그 조짐일 수 있다.

29. 기름야자 개발을 위해 개벌된 수마트라섬의 숲.

도로와 소유권

정부의 인프라 및 개발 정책은 산림 파괴 속도에 영향을 끼치는 매우 중요한 요인이다. 도로는 이주자들과 외딴 마을들이 자원, 시장, 학교, 병원 및 기타 사회적 혜택을 누릴 수 있게 해주는 한편으로, 산림 개발과 산림 전용을 가속화한다. 누가 임지를 소유하고 통제하는가도 숲의 운명을 결정하는 데 있어서 그만큼이나 중요하다. 인도에서는 산림에 대한 강력한 국가 통제 덕분에 서고츠산맥의 산림 피복을 유지할 수 있었다. 하지만 멕시코와 인도네시아의 경우, 산림에 대한 국가 소유는 과거에는 마을 공동체가 소유했던 땅으로부터 주민들을 소외시킴으로써, 광범위한 목재 밀수와 불법적인 토지 사용을 초래했다.

인도네시아는 벌목 회사와 농업 회사에 많은 산림 이권을 준 결과, 산림의 광범위한 부분이 훼손되었을 뿐 아니라 숲이 기름야자나무 농장과 저급한 목재 조림지로 바뀌었다. 이 문제를 해결하기 위한 방법으로, 마을 공동체에 기반을 둔 산림 경영과 토지권 보장 제도가 추진되었다. 멕시코의 에히도(ejido) 제도는 땅과 자원에 대한 소유권을 마을 공동체에 제공하는데, 대개의 경우 이 조치는 숲을 보존하는 효과적인 공동체 기반의 경영 관행들을 이끌어낸다. 보유에 대한 실질적인 법적 지위까지 가지 않고 보유권을 인식하는 것만으로도 충분하다. 1998년에 발령된 인도네시아의 한 법령은 수마트라의 크루이족(Krui) 집단들이 숲에 대한 사업권을 등록할 수 있게끔 했다. 크루이족 마을들은 한 번도 사업권을 공식적으로 신청한 적이 없지만, 그렇게 할 수 있다는 것을 앎으로써 자신들의 숲이 계속 보존될 것이라는 법적 보장을 얻었다. 한편 이 법령이 널리 알려지자 외부인들이 땅을 도용하는 일도 막을 수 있었다. 물론 토지 보유권을 지역 주민들에게 주면 산림 전용이 가속화될 가능성도 있는데, 많은 사람들에게 그것이 가난을 탈피할 훨씬 효과적인 수단을 제공하기 때문이다.

숲이 제공하는 서비스에 대한 비용

숲은 탄소 격리, 기후 완화, 토양 보호, 물 서비스(hydrological service), 생물다양성을 포함해 많은 생태계 서비스를 제공한다. 이런 가치들은 실현되지 않거나, 적어도 현재의 회계 시스템에서는 내부화되지 않는다. 이 서비스들의 실제 범위와 이 서비스들이 사회에 혜택을 제공하는 방식을 입증하는 일이 매우 복잡한 탓에, 이 가치들을 정량화하기란 쉽지 않다. 또한 숲의 점차적인 상실에 따른 한계 가치를 계산하기도 쉽지 않다. 탄소 저장 같은 일부 생태계 서비스의 가치는 숲이 상실됨에 따라 선형적으로 감소하는 반면, 생물다양성이나 물 서비스 같은 다른 생태계 서비스들은 처음에는 거의 반응을 보이지 않지만, 숲 개벌이 계속되면 될수록 더 빠르게 감소하고, 때로는 갑자기 재앙적 수준으로 감소하기도 한다. 그렇다 해도 토지 소유자들에게 그들 소유의 숲이 제공하는 서비스에 대한 비용을 지불하는 것은 숲의 가치를 실현하는 인기 있는 방법이 되었다. 숲의 생태계 서비스에 대한 비용은 실현하지 못하는 토지 이용 활동에서 나오는 수입 손실분을 보전하도록 설계된다.

그런 정책 중 하나로, 1996년에 코스타리카 정부는 재조림에 대해 세금을 공제해주는 비효과적인 제도를, 민간 토지에 지속 가능한 목재 조림과 국유림 재생을 추진하는 토지 소유자에게 보상금을 제공하는 프로그램으로 대체했다. 이 정책의 목적은 탄소 격리, 수질 보호, 생물다양성 보호, 그리고 아름다운 경관이라는 네 가지 생태계 서비스를 제공하는 데 대해 인센티브를 부여하는 것이었다. 2005년에 이 정책에 힘입어 거의 50만 헥타르에 이르는 자연림과 재생림이 보호를 받았다.

최근에 비슷한 정책들이 아프리카와 아시아로 확산되었다. 대부분이 물 서비스를 다루지만, 교토 의정서의 청정개발체제(Clean Development Mechanism)를 통해 탄소 격리 제도들도 많이 마련되었다. 예를 들어, 마다가스카르의 '만타디아' 제도는 탄소 격리와 다양성 보존을 목적으로 산림을 회복시키는 사람들에게 기금을 제공하며, 토양 보호를 2차적인 목표로 삼는다. 중국 정부가 시행하는 '곡물에서 녹색으로(Grain to Green)' 프로그램은 지표를 흐르는 빗물, 토양 침식, 하천유사량(河川流砂量)을 줄이기 위해 가파른 비탈 위의 농경지를 숲과 초원으로 전환하는 농부들에게 곡식과 현금 보조금을 제공한다.

또한 기후변화협약의 틀 안에서 이루어진 국제 협상들은, 아직 마무리지은 것은 아니지만, 산림 전용 및 산림 황폐화 방지를 통한 탄소 배출 감축 제도(REDD+)를 추진해왔다. 이는 산림 전용률을 입증할 수 있을 만큼 줄인 개발도상국에 선진국이 보상금을 지급하게 하는 제도다. REDD+는 숲의 탄소 저장 서비스를 바탕으로 숲에 가치를 부여한다. 하지만 이 제도의 가장 큰 장애물은 대안적인 토지 이용을 벌충하기에는 탄소의 시장 가치가 너무 낮다는 것이다. 여기서 우리는 다시 기회비용 문제로 돌아간다. 숲이 나무로 덮여 있는 것보다 개벌되는 것이 더 가치 있는 한, 현지 사람들은 계속해서 숲을 파괴할 것이다.

숲의 회복

1955년에 사이먼 쿠즈네츠(Simon Kuznets)는 국가가 현대화하면 처음에는 소득 불평등이 증가하는데 이는 산업과 서비스업에서 일하는 노동자들의 수입이 더 높기 때문이라고 말했다. 시간이 좀 지나면 불평등이 감소하는데, 이는 산업화와 성장하는 서비스 부문의 혜택이 도시 중심에서 시골 지역들로 확산되기 때문이다. 환경 쿠즈네츠 곡선은 이와 마찬가지로 국가가 산업화할 때 오염과 환경 파괴도 처음에는 증가하지만 나중에는 기술 효율과 생산 효율이 개선되면서 감소한다고 주장한다.

산림 변천 이론은 비슷한 개념을 토대로, 인구 성장과 경제 개발은 처음에는 산림 파괴를 추동하지만 도시화가 일어나고 경제 개발이 산업화와 농업 기계화를 통해 진행되면서 점점 산림 손실을 완화한다고 주장한다. 숲 재생이 개벌을 능가하기 시작해 숲이 어느 정도 회복될 때 산림은 마침내 변천 시점에 도달한다. 산림 변천이 일어나는 원리는 시골에서 도시로의 이주로 농경지가 버려지기 때문인 것으로 추측된다.

이 낙관적인 시나리오는 숲이 회복될 수 있다는 희망을 준다는 점에서 호소력이 있다. 하지만 이는 얼마나 현실적일까? 스코틀랜드 지리학자 알렉산더 매더(Alexander Mather)는 산림 변천 곡선을 처음 고안해 주창한 사람이다. 그는 처음에는 스코틀랜드, 그리고 나중에는 유럽과 아시아의 다른 나라들이 겪어온 토지 이용 변화의 역사를 근거로 삼았다. 스코틀랜드의 산림 고갈은 역사가 길지만, 1500년경 숲은 겨우 토지 면적의 5퍼센트 남짓에 그쳐 1503년에 스코틀랜드 의회가 "스코틀랜드의 숲이 (…) 파괴되었다"고 선언하기에 이르렀다. 숲을 보호하고 복원하기 위한 법률이 제정되었지만 큰 실효를 거두지 못했다. 변천이 일어난 것은 제1차세계대전 때 목재가 부족하자 광범위한 지역에 나무를 심으면서부터였다. 최근에는 생물다양성, 시골 개발, 오락, 탄소 격리가 지속적인 재조림을 정당화하는 근거가 된다. 현재 스코틀랜드의 산림 피복도는 토지 면적의 18퍼센트로, 스코틀랜드 정부는 2050년까지 이를 25퍼센트로 끌어올릴 계획이다.

산림 변천 이론의 추측대로 스코틀랜드의 산림 회복을 경제 성장, 산업화, 도시 이주 탓으로 돌리기에는 상황이 그렇게 단순 명쾌하지 않다. 변천의 근접 원인이 목재 부족 위기에 대한 정부 정책이었기 때문이다. 하지만 지난 200년 동안 스코틀랜드 고지에서 인구가 이탈한 탓에 재조림할 땅이 생긴 것은 사실이다. 게다가, 농업이 국가 경제의 1퍼센트 이하를 차지하므로 토지 이용에 대한 경쟁도 별로 없다.

산림 변천 이론에서 흔히 주장하는 도시 이주와 재조림 사이의 인과관계는 다른 곳에서 더 분명하게 나타난다. 프랑스는 1830년에 14퍼센트였던 임지가 현재 28퍼센트로 두 배 늘었는데, 이는 산업 발전과 도시 노동력 부족이 사람들을 토지에서 끌어낸 탓이다. 이 패턴은 미국의 뉴잉글랜드에서 재현되었다. 1600년대 초 이래로 숲이 농경지로 거의 완전하게 전환되었던 것이 지난 150년 동안 시골 이탈과 산업 발전에 뒤따라 광범위한 지역에서 뒤집혔다. 한국의 숲도 비슷한 이유로 지난 50년 동안 광범위하게 보충되었다.

열대 지역에서 산림 파괴는 여전히 압도적인 추세로 계속되고 있지만, 심지어 이곳도 재조림으로 돌아서기 시작했음을 암시하는 조짐들이 있다. 1990년대 이래로 부탄, 중국, 쿠바, 엘살바도르, 감비아, 인도, 푸에르토리코, 베트남에서 숲이 확장되었다. 정부 정책이 산림 변천을 추동하는 중요한 요인으로 보인다. 중국, 인도, 베트남에서는 황폐화된 숲을 회복하고 나무심기 프로그램에 투자하는 토지 소유자들에게 인센티브를 제공하는 산림 정책과 토지 이용 개혁을 추진한다. 이런 정책들은 산림 자원이 점점 희소해지는 상황에서 나온 것이고, 몇몇 경우는 재난적인 홍수에서 비롯되었다. 파괴적인 알프스 홍수를 계기로 19세기 말 스위스와 프랑스에서 추진된 재조림 정책이 그런 예다. 푸에르토리코와 엘살바도르에서는 사람들이 더 나은 경제적 기회를 찾아 미국으로 이주하면서 토지가 버려진 결과 재조림이 촉진되었다. 인구가 줄었거나, 아니면 많은 가구들이 농업을 그만두고 미국에서 일하는 식구들이 송금하는 돈으로 식량을 사 먹었기 때문이다. 산림 파괴가 계속되고 있는 와중에도 재조림은 세계적 추세가 되었다. 산림 면적이 순증가로 돌아서는 것은 경제 환경과 정책 환경의 변화에 달려 있지만, 각 사례는 저마다 달라서, 산림 피복 추세를 단 하나의 이론 틀을 통해 이해하는 데는 어려움이 있다.

미래: 새로운 숲

세계의 많은 지역에서 숲이 회복되고 있다. 그런데 그것은 어떤 종류의 숲일까? 뉴잉글랜드의 숲은 영국 청교도들이 이주하기 전의 숲과 구성, 구조, 다양성이 사뭇 다르다. 숲의 구성과 지역의 기후 경사(climatic gradient. '경사' 또는 '기울기'는 생태학에서 환경 요인의 점진적 변화를 말한다—옮긴이) 사이의 강력한 관계는 현대 식생에서는 나타나지 않는다. 현대 식생은 더 균질하다. 2차 산림은 원래의 1차 산림에 비해 대개 종 다양성이 떨어지고 더 낮은 생물량을 부양한다. 따라서 재조림으로 생물다양성을 유지하고 대기 중의 탄소를 격리할 수는 있지만, 산림 파괴로 사라진 것을 완전히 대체할 수는 없다. 숲에 의존하는 많은 종들이 산림 파괴 과정에서 멸종하게 되고, 그 사이에 들어와 정착한 침입종들은 토착종이 다시 군집을 형성하는 것을 막을 수 있다.

일반적으로 숲 손실 기간이 길수록 사라진 숲과 비슷한 숲이 다시 들어오기 어려워진다. 과거의 토지 이용 역사는 숲의 회복 속도에 강력한 영향을 미친다. 목초지로 또는 집중 농업에 오랫동안 사용된 땅을 회복시키는 것은 단기적인 화전 농업에 사용된 땅을 회복시키는 것보다 어렵다. 토양, 미기후(微氣候. 지표 부근의 기후 조건—옮긴이), 이용 가능한 식생이 자연림을 지탱했던 것들과는 매우 다를 수 있기 때문이다.

산림 기근이 점점 심해지면 임산물 가격이 올라서 나무 심기가 활성화된다. 따라서 산림 확장은 조림—상업적인 목재 생산을 위해 인공림을 조성하는 것—을 통해서도 이루어졌다(그림 30). 현재 산업 목재의 4분의 1이 조림된 산림에서 오는데, 이런 인공림은 지금 전 세계 산림 면적의 4퍼센트를 차지한다. 다른 의견이 있지만, 중국은 2001년부터 2007년까지 2800만 헥타르를 조림했다고 주장한다. 하지만 조림으로 만들어진 숲은 자연림을 대체할 수 없다. 조림은 한두 가지 수종만으로 이루어지고, 종을 선택하는 기준은 주로 성장 능력이다. 이 종들은 대개 심긴 지역의 토착종이 아니다. 그 결과 조림된 숲은 생물다양성이나 생태계 서비스에 별다른 혜택을 제공하지 않는 나무 작물에 불과하다. 그럼에도 조림은 꼭 필요한 목재를 효율적이고 값싸게 생산하므로, 다른 곳의 자연림을 벌목할 필요성을 줄일 수 있다.

숲을 회복시키는 일은 조림과 달리, 원래의 숲 기능들과 생

30. 인도 카르나타카의 커피 농장에 그늘나무로 조성된 외래종 우의목(*Grevillea robusta*).

물다양성의 회복을 목표로 한다. 선진국과 개발도상국은 흔히 환경서비스 지불제(토지 소유자의 토지 운영이 환경 서비스를 제공하는 데 도움이 될 경우 토지 소유자에게 대가를 지불하는 제도—옮긴이)를 통해 그런 숲 회복 사업을 지원한다. 이런 사업들은 또한 마을공동체의 협업을 촉진하는 부대 효과를 일으킨다. 예컨대 탄자니아에서 35만 헥타르의 아카시아와 미옴보 숲이 800곳이 넘는 마을 사람들의 노력으로 회복되었다. 베트남 북서부에서는 일군의 마을들이 토착종 나무를 심어 자연림을 성공적으로 회복시킨 결과, 물이 다시 논으로 흐르고, 30종이 넘는 희귀한 포유류가 그 지역으로 돌아왔다. 이런 사례들은 미래에 대한 희망을 가질 이유를 제공하지만, 대부분의 경우 이렇게 조성된 2차 산림은 원래 있던 1차 산림에 비해 종 다양성과 생태계 서비스가 부족하다.

미래의 기후

훼손된 2차 산림과 심하게 벌목된 산림은 전 세계 산림의 60퍼센트를 차지한다. 이런 훼손된 산림은 그냥 내버려두면 충분한 시간이 흐른 뒤 자연적으로 회복될 것이다. 하지만 인간이 지구 환경을 바꾼 탓에, 숲의 미래와 숲의 회복을 예전처럼 장담할 수 없게 되었다. 산업 활동으로 대기 중의 이산화탄소 농도가 증가하고 질소가 침적되면 식물의 성장이 촉진된다. 반면, 기온이 상승하고 가뭄이 더 심해지고 더 자주 찾아오면 성장이 제한되고 치사율이 높아진다. 세계 기온이 4도 상승할 때(이것은 있을 수 없는 시나리오가 아니다) 가장 심한 타격을 입을 지역은 캐나다 북부와 러시아의 북방림, 아프리카의 뿔 지역의 사바나림, 그리고 아마존 우림이다. 아마존 숲이 통째로 말라 죽을 수도 있다. 기후는 교란 체제에도 영향을 미쳐, 결국 숲을 해친다. 토지 이용의 계속된 변화는 숲의 미래를 더 예측하기 어렵게 만들고, 식생과 기후, 토지 이용 되먹임 고리(토지 이용 변화가 인간 활동에 영향을 끼치고, 그것이 결국에는 다시 토지 이용의 변화로 귀결되는 순환 과정—옮긴이)에 대한 우리의 부적절한 이해도 미래 예측을 어둡게 한다.

증가하는 대기 중의 이산화탄소 농도는 지구 온난화를 추동한다. 또한 광합성을 증가시켜 나무 성장을 촉진하는데, 이는 탄소를 식물의 생물량에 가둠으로써 온실가스를 줄인다. 이 효과는 상당할 것이다. 실험 결과, 대기 중의 이산화탄소 농도가 약 50퍼센트 상승하면 생물량 축적이 23퍼센트 증가하는 것으로 나타났다. 대기 중의 높은 이산화탄소 농도는 나무 성장에 좋은 반면, 기온 상승은 그렇지 않다. 광합성이 처음에는 저해되다가, 잎 온도가 상승함에 따라 결국 돌이킬 수 없이 망가진다. 물이 있는 한, 증발 냉각으로 잎 온도를 낮출 수 있다. 문제는 기후 변화가 물 가용성을 제한할 때 발생한다. 실제로, 미래의 숲에 가장 널리 영향을 끼칠 위협은 심각한 가뭄이 자주 찾아오는 것과 만성적인 건조한 날씨다.

2005년과 2010년의 아마존 대가뭄 같은 심각한 가뭄들과, 콩고 분지의 물 가용성에 만성적인 장기적 변화가 일어난 것은 열대림의 기후가 더 건조한 새로운 상태로 바뀌고 있음을 암시한다. 원격 감지 장치가 측정한 자료는, 최근에 가뭄이 발생했을 때 아마존 숲의 생산성이 떨어졌고 콩고 분지에서도 숲의 생산성이 더 점진적이지만 떨어졌음을 보여준다. 몇몇 시나리오들은 토지 이용 변화, 지구온난화, 점점 심해지는 가뭄이 맞물려 아마존 지역을 영구적인 건조 기후로 바꿀 것이며, 이번 세기 말에는 아마존 숲 전체가 말라 죽고 사바나 식생으로 대체될 거라고 예상한다. 산림 파괴와 산림 파편화가 일어난 곳은 습도가 더 낮아지고 온도가 올라가서, 온난해지고 건조해지는 기후를 악화시킬 수 있다. 나무가 죽으면 숲 지붕에 생긴 구멍으로 복사 에너지가 들어오면서 숲 내부의 온도를 올리고 습도를 낮추는 한편, 죽은 나무들은 더 심한 산불을 일으킨다. 생태 시스템과 기후 시스템은 이렇게 상호작용하면서 아마존 숲의 고사를 부추긴다.

하지만 아직 중요한 부분들이 불확실하게 남아 있다. 많은 아마존 나무의 깊은 뿌리가 표토(表土)로 물을 끌어올려 숲 생태계의 전체적인 증산율과 광합성률이 높게 유지되지만, 건조한 날씨가 계속될 때 이 시스템이 얼마나 잘 대처할지는 불분명하다. 건조해지고 있는 아마존 기후가 앞으로 어떻게 될지도 잘 모른다. 식물들은 아마 더 온난하고 건조한 기후에 적응하거나, 적어도 숲의 구성이 변화하는 기후 조건에 가장 잘 적응된 종을 선호하는 쪽으로 바뀔 것이다. 이산화탄소가 증가하면 식물들이 물을 더 효율적으로 사용할 수 있을지도 모른다. 이산화탄소가 들어가고 물이 나오는 잎의 기공이 오래 열려 있을 필요가 없기 때문이다. 아마존의 고사를 경고하는 시나리오들은 비록 가능성은 낮지만 신빙성이 있다.

아마존 숲의 고사를 주장하는 언론 보도들이 비록 과장되었다 해도, 열과 가뭄 때문에 숲이 말라 죽는 것은 다른 장소에서는 이미 잘 입증된 사실이다. 우간다의 열대습윤림과 짐바브웨의 아카시아 숲에서 죽은 나무가 증가했다. 1982/83년과 1997/98년의 엘니뇨 가뭄으로 보르네오 열대우림에서 나무가 대규모로 죽었다. 최근에는 중국의 동부와 중부 지역에서 가뭄으로 50만 헥타르에 걸쳐 소나무들이 말라 죽었다. 오스트레일리아에서는 장기 가뭄으로 유칼립투스 나무가 대규모로 죽었다. 유럽도 예외가 아니다. 스페인과 프랑스에서는 많은 참나무, 전나무, 가문비나무, 너도밤나무, 소나무가 2003년의 덥고 건조한 여름을 견디지 못하고 죽었다. 스위스의 건조해진 알프스 계곡에서는 유럽적송이 서서히 말라 죽고 있다. 지중해 지역에 사는 모든 소나무 가운데 가장 가뭄을 잘 견디는 알레포소나무조차 2000년에 그리스에 피해를 입힌 심각한 가뭄 때 대거 죽었다.

북반구의 온대림과 북방림에서는 지구 온난화로 인해 새로운 교란 체제가 생겨나고 있다. 소나무좀은 보통은 추운 겨울 날씨에 의해 억제되지만, 지금은 온화해진 겨울 동안 번식할 수 있어서 더 넓은 범위에 걸쳐 대규모로 발생하고 있다. 브리티시컬럼비아 한 곳만 해도 1990년 이래로 1300만 헥타르가 넘는 숲의 나무들이 소나무좀에 의해 파괴되었고, 이로 인해 9억 9000만 톤의 이산화탄소가 대기로 방출되었다(캐나다의 모든 교통수단의 연간 배출량보다 다섯 배 많은 양이다). 현재 소나무좀은 과거의 범위를 훌쩍 넘어, 유콘과 앨버타의 북방림을 향해 북쪽과 동쪽으로 확장되고 있다. 게다가, 가뭄 때문에 나무들이 약해져 소나무좀의 공격에 더 취약해졌다.

지난 30년 동안 캐나다에서 산불 발생 면적이 뚜렷한 증가 추세를 보이는 것도 기후 변화와 관련이 있다. 이 추세로 가면 이번 세기 말에는 연간 산불 발생 면적이 두 배가 될 것이다. 미국 서부는 벌써 연간 산불 면적이 40년 전보다 여섯 배 증가했다. 산불이 가끔씩 일어날 때는 심지어 열대우림조차 쉽게 회복될 수 있지만, 최근 들어 기후 변화와 인간의 토지 이용이 함께 작용해 산불이 더 자주 반복적으로 발생하는 새로운 산불 체제를 낳고 있다. 이는 숲 재생 과정을 교란해 숲의 구성과 구조에 극적이고 영구적인 변화를 초래할 수 있는데, 심지어는 숲이 완전히 사라질 수도 있다. 선례가 있다. 100년 전, 오늘날 말레이시아 사바주의 수크 평원(Sook Plain)이 있는 곳에서 산불이 발생해 8만 헥타르의 우림을 태웠다. 인도네시아에서는 매우 잘 타는 여러해살이풀인 띠(*Imperata cylindrica*)가 한때 광범위한 숲으로 덮여 있었던 지역들을 점령했다. 이 상태에서 숲이 회복되기는 매우 어렵다. 오스트레일리아, 동남아시아, 남아메리카는 인간의 토지 이용과 가뭄이 함께 맞물릴 때 유독 큰 타격을 받을 수 있는데, 이 와중에 일부 기후 모델들은 이 지역에 (엘니뇨-남방진동El Niño-southern oscillation에 의해) 앞으로 더 심한 주기적 가뭄이 찾아올 것임을 암시한다.

건조한 사바나림에서 추운 북방림을 거쳐 뜨거운 열대우림까지 모든 산림이 지구 온난화, 특히 지구 건조화의 타격을 받고 있다. 이것은 새로운 추세일까? 숲의 죽음은 과거에도 있었다. 1900년대 초에 닥친 오스트레일리아 역사상 최악의 가뭄은 유칼립투스나무와 아카시아나무의 대규모 죽음을 초래했다. 1915년 뉴질랜드에서도 남부너도밤나무 숲이 말라 죽었다. 1920년대와 1930년대에 미국에서 발생한 모래 폭풍과 가뭄으로 애팔래치아산맥의 나무들이 대규모로 죽었다. 20세기 내내 유럽의 많은 국가에서 가뭄 때문에 참나무와 소나무가 반복적으로 죽었다. 그렇다면 걱정할 필요가 있을까?

서유럽과 북아메리카에 내리는 산성비가 숲의 죽음을 초래할 것이라는 과장된 주장이 1980년대에 나돌았는데, 이것은 생각해볼 만한 구석이 있는 교훈적인 이야기다. 그 주장은 결국 근거가 없는 것으로 밝혀졌다(상자 6). 계속된 경관 변형으로 가뭄이 악화되는 것은 분명 걱정할 일이지만, 나무 종, 나아가 숲 전체의 광범위한 죽음은 현대에 와서 생긴 새로운 현상이 아니며, 원인도 한 가지가 아니다. 숲과 나무의 감소, 이들의 회복과 탄력성은 복잡한 과정이다. 숲이 과거에 많은 위기를 극복했음을 역사는 보여준다. 하지만 숲이 또다시 극복할 수 있도록 우리가 취할 수 있는 조치가 무엇인지 고민해볼 가치는 분명히 있다.

미래의 산림 경영: 저항해도 소용없다

우리는 숲의 생태적 상호작용과 역동성이라는 개념을 바탕으로 산림 경영에 임한다. 이런 개념들은 과거의 비교적 교란되지 않은 숲에서 나온 것이다. 숲 경영자들은 이 지식을 이용해 목표를 정하고 필요한 행동을 결정한다. 하지만 지금 우리

상자 6 환경 신경증

1980년대에 발트슈테르벤(Waldsterben. 숲의 죽음)이 독일을 사로잡았다. 주간지 〈슈피겔Der Spiegel〉은 '숲이 죽어가고 있다'라는 제목의 표지 기사를 실었다. 산업 배출물로 인한 산성비가 유럽 숲의 존재 자체를 위협하고 있었다. 그 기사는 5년밖에 남지 않았다고 주장했다. 발트슈테르벤은 대중의 상상력을 사로잡았고, 주요 선거 쟁점이 되었으며, 독일 녹색당의 창설을 도왔다. 하지만 숲은 죽지 않았다. 독일의 숲들은 오히려 확장되고 있다. 그러면 왜 그런 신경증이 나타났을까?

산성비는 때마침 환경에 대한 대중적 관심이 폭발했을 때 찾아왔다. 독일 국민들은 자연, 그중에서도 특히 독일 신화 속에 깊이 흐르고 있는 숲이 오염되고 있다는 말에 민감하게 반응했다. 과학적 합의에 이르렀다는 인상은 이 현상에 신빙성을 더했다. 되돌아보면 합의는 존재하지 않았다. 과학 문헌은 이미 서로 다른 시간에 서로 다른 장소에서 서로 다른 원인으로 종이 죽음에 이른 사례들로 가득했다. 하지만 과학적 합의에 이르렀다는 인상, 극적인 이야기를 이용하려는 언론, 오염의 폐해임을 확신하는 정치화된 대중이 함께 공모해, 설득력은 있으나 상상에 지나지 않는 환경 위기를 창조했다. 공기 오염이 나무의 건강을 해치지 않는다는 말은 아니다. 그것은 충분히 가능한 일이며 실제로도 그렇다. 하지만 숲의 대규모 죽음이 공기 오염이라는 한 가지 원인으로 일어난다는 것은 근거 없는 말이다.

는 전례 없는 환경 조건들을 초래하는, 빠른 환경 변화의 시대에 돌입했다. 우리는 앞으로 숲을 새로운 방식으로 경영해야 할지도 모르며, 우리가 현재 가지고 있는 지식 체계는 그 목적에 가장 적합한 것이 아닐 수도 있다. 불확실하지만 다른 것만은 확실한 미래에 직면해 우리가 할 수 있는 선택은 숲의 변화에 저항하든지 아니면 그것을 수용하는 것이다.

환경 변화에 맞서 싸우는 산림 경영 전략들은 숲의 방어 능력을 개선함으로써 변화의 원치 않는 효과들을 미연에 방지하는 것을 목표로 삼는다. 숲을 산불로부터 보호하기 위한 조치들로는 산불 위험에 대한 인식을 높이고, 산불의 연료가 되는 물질들을 관리하고, 방화선을 구축하는 것이 있다. 침입종이 문제가 되는 장소에서는 그들을 제거한다. 해충 개체군들은 제초제로 방제할 수 있다. 생물 안전 규제를 만들고 감시 체계를 개선할 수도 있다. 하지만 궁극적으로, 만성적인 환경 변화들에 저항하는 것은 상류로 노를 젓는 일과 같다. 항상 변하는 조건들에 지속적으로 저항하면 시간을 벌 수는 있겠지만, 그것은 장기적인 관점에서 현실적이지 않다.

변화를 기꺼이 수용하는 산림 경영은 새로운 환경 조건들을 받아들이고 거기에 적응할 수 있다. 숲을 새로운 조건에 더 잘 적응된 형태로 점진적으로 변화시키는 것을 경영과 회복의 목표로 재설정할 수 있다. 성공한다는 보장은 없고 결과는 불확실하다. 검토되고 있는 방법들 가운데 하나는 기후 경사를 따라 나무들을 계획 이주시키는 것이다. 미래의 더 건조한 조건을 예상해 알프스 계곡에 가뭄을 잘 견디는 지중해산 소나무들을 도입하고 있는 것이 한 예다. 유전 다양성에 관심을 가지고 이를 보존하는 것이 이 전략의 핵심이다. 종과 구조적 다양성 모두에서 숲의 다양성을 높이면, 위험을 분산하고 미래의 교란 규모를 제한하는 데 도움이 된다.

또한 우리는 자연림 안에 외래종을 수용해야 할지도 모른다. 그러기 위해서는 외래종까지 필수 요소로 끌어안는 새로운 산림 군집을 위해 토착종의 매력을 어느 정도 포기해야 한다. 오히려 외래종(비토착종) 나무들이 토착종이 돌아올 수 있는 조건을 조성할 가능성도 있다. 푸에르토리코에서 그런 사례를 찾을 수 있다. 외래종 나무들은 농지로 사용되면서 산림이 파괴돼 토착종이 정착할 수 없는 땅에서 잘 서식한다. 몇십 년이 지나면 숲 하층에 토착종이 모습을 드러내기 시작하고, 이 땅에 외래종과 토착종 모두로 구성된 독특하고 풍요로운 군집이 서서히 발달한다.

과거의 산림 역동성으로부터 배워야 할 중요한 교훈들이 분명 있다. 하지만 지금 우리는 미래 산림 경영에 대한 지침을 얻기 위해 과거의 행동에만 전적으로 의존할 수는 없다. 기후변화는 현대의 토지 이용 관행과 함께, 숲도 산림 경영인도 경험이 별로 없는 환경 조건과 교란 체제를 창조하고 있다. 우리는 계속 배워나가야 한다.

숲은 수천 년 동안 인간 사회의 약탈을 견뎌왔음에도, 많은 필수적인 상품과 서비스를 계속해서 제공하고 있으며, 이보다는 덜 가시적이지만 똑같이 중요한 오락, 문화, 영적 혜택 들을 사회에 가져다준다. 숲은 걸핏하면 쓰러지고 다치기는커녕 교란과 변화로부터 탄력적으로 회복될 수 있으며, 심지어는 완전히 개벌된 뒤에도 다시 성장하고 재생하고 회복될 수 있었다. 산림 파괴에서 재조림으로의 변천은 많은 나라에서 이미 일어났으며, 그 밖의 다른 나라들에서도 진행중이다(그림 31). 숲의 미래가 있다는 것에는 의문의 여지가 없다.

의문의 여지가 있는 부분은 우리가 미래에 어떤 종류의 숲을 가지게 될 것인가다. 보수적인 기후 변화 시나리오들은 지구 온도가 2~4도 상승할 것으로 내다보고, 일부 지역은 매우 건조해질 것이며 가뭄은 더 자주 발생하고 더 심해질 것으로 전망한다. 이런 조건들은 지질학적 시간을 거치는 동안 유례가 없지 않았으나, 빠른 변화 속도는 유례가 없었다. 게다가 인간은 계속해서 토지 이용에 영향을 끼치며 새로운 서식지 형태와 경관 구조를 낳고 있다. 기후 변화와 경관 변형 사이의 상호작용은 거의 이해되지 않았지만, 우리는 걱정해야 한다는 사실을 깨달을 만큼은 알고 있다. 우리는 새로운 교란 체제들

31. 코스타리카 구아나카스테주에서 과거에 소 방목지로 전용되었던 지역에 숲이 다시 확장되고 있다.

이 확산될 수 있는 조건들을 조성해왔다. 우리는 종들을 모든 대륙으로 이동시키며 그 과정에서 의도했든 의도하지 않았든, 정상으로 되돌아가고 있는 새로운 군집들을 창조했다. 많은 나무 종과 숲 형태가 새로운 도전에 충분히 빠르게 대응하지 못할 것이다. 멸종은 일어날 것이다. 하지만 숲은 존속할 것이다. 단, 그 숲들은 오늘날 우리가 아는 숲은 아닐 것이다.

감사의 말

숲에 관한 인류의 구비 설화와 지식을 한 권의 얇은 책으로 압축하는 어려운 과제를 해낼 수 있었던 것은 내 멋진 아내 놈(캐서린) 리스턴의 정성과 관심 덕분이었다. 아내는 이 방대한 분야로 들어가는 지점들에 대한 아이디어를 제공했다. 야드빈더 말히는 원고를 읽고 유익한 비평을 해주었고, 여러 가지의 실수를 고쳐주었다. 수종 다양성 도표를 위한 데이터를 제공해준 분들은 데이비드 앨런, 마크 애슈턴, 제니퍼 발처, 민 차오, 데이비드 쿠미스, 알렉산드레 데 올리베이라, 패트릭 잰슨, 제시 칼위즈, 그레고리 길버트, 카일 함스, 댄 존슨, 수 로런스, 마이크 로스, 짐 러츠, 윌리엄 맥시어, 조너선 마이어스, 보즈텍 노보트니, 베키 오스터택, 얀 덴 아우던, 제프리 파커, 로런

색, 션 토머스다. 일일이 다 거명할 수 없는 많은 사람들이 내게 사진과 이미지를 제공했다. 그 가운데 일부는 사용했지만 대부분은 이 짧은 책에 담지 못했다. 내가 사용한 이미지를 제공한 분들은 롭 마천트, 얼리셔 도넬런 배러클로, 제니퍼 발처, 프랭크 매놀리니, 브래드 세이무어, 피터 크레인, 앤디 맥그레고어, 비트 베르멜링거, 에드먼드 두니어스, 제이컵 야거, 패트리스 레방, 로빈 채즈던이다. 마지막으로 이렇게 재미있는 책을 쓸 기회를 준 라타 메넌에게 감사한다.

참고문헌

1장 인간 문화 속의 숲

Cox, T. R., Maxwell, R. S., Thomas, P. D., and Malone, J. J. (1985) *This Well Wooded Land: Americans and Their Forests from Colonial Times to the Present*. University of Nebraska Press, Lincoln and London.

Frazer, J. G. (1894) *The Golden Bough: A Study in Comparative Religion*. MacMillan, London.

Harrison, R. P. (1992) *Forests: The Shadows of Civilization*. University of Chicago Press, Chicago and London.

Leigh, M. (2010) 'Lucan's Caesar and the Sacred Grove: Deforestation and Enlightenment in Antiquity.' In *Lucan: Oxford Readings in Classical Studies* (ed. Charles Tesoriero). Oxford University Press, Oxford, pp. 201–38.

Porteous, A. (1996) *The Lore of the Forest*. Senate (Random House), London.

Rackham, O. (1990) *Trees and Woodlands in the British Landscape*. Phoenix, London.

Williams, M. (1989) *Americans and Their Forests: A Historical Biogeography*. Oxford University Press, Oxford.

2장 여러 종류의 숲

Ghazoul, J. and Sheil, D. (2010) *Tropical Rain Forest Ecology, Diversity and Conservation*. Oxford University Press, Oxford.

Henry, J. D. (2002) *Canada's Boreal Forest*. Smithsonian Institution Scholarly Press, Washington, DC.

Perry, D. A., Oren, R., and Hart, S. C. (2008) *Forest Ecosystems* (2nd edition). Johns Hopkins University Press, Baltimore.

Peterken, G. F. (1996) *Natural Woodland: Ecology and Conservation in Northern Temperate Regions*. Cambridge University Press, Cambridge.

Primack, R. and Corlett, R. (2005) *Tropical Rain Forests: An Ecological and Biogeographical Comparison*. Blackwell Publishing, Oxford.

Rackham, O. (2006) *Woodlands*. New Naturalist Library (100). Collins, London.

Turner, I. M. (2001) *The Ecology of Trees in the Tropical Rain Forest*. Cambridge University Press, Cambridge.

3장 숲의 기원

Beerling, D. (2007) *The Emerald Planet*. Oxford University Press, Oxford.

Morely, R. J. (2000) *Origin and Evolution of Tropical Rain Forests*. John Wiley & Sons, Chichester.

Willis, K. J. and McElwain, J. C. (2002) *The Evolution of Plants*. Oxford University Press, Oxford.

4장 교란과 역동성

Carson, W. P. and Schnitzer, S. A. (eds) (2008) *Tropical Forest*

Community Ecology. John Wiley & Sons, Chichester.

Chapin III, F. S., Oswood, M. W., van Cleve, K., Viereck, L. A., and Verbyla, D. L., (eds) (2006) *Alaska's Changing Boreal Forest*. Oxford University Press, Oxford.

Frehlich, L. E. (2002) *Forest Dynamics and Disturbance Regimes: Studies from Temperate Evergreen-Deciduous Forests*. Cambridge University Press, Cambridge.

Whelan, R. J. (1995) *The Ecology of Fire*. Cambridge University Press, Cambridge.

5장 숲의 상품과 서비스

Bauhus, J., van der Meer, P., and Kanninen, M. (eds) (2010) *Ecosystem Goods and Services from Plantation Forests*. Earthscan, Abingdon.

Daily, G. C. (ed.) (1997) *Nature's Services: Societal Dependence on Natural Ecosystems*. Island Press, Washington, DC.

Pagiola, S., Bishop, J., and Landell–Mills, N. (2002) *Selling Forest Environmental Services: Market-Based Mechanisms for Conservation and Development*. Earthscan, London.

6장 과거, 현재, 미래

Chazdon, R. (2014) *Second Growth: The Promise of Tropical Forest Regeneration in an Age of Deforestation*. University of Chicago Press, Chicago and London.

Dauvergne, P. (2001) *Loggers and Degradation in the Asia-Pacific: Corporations and Environmental Management*. Cambridge University Press, Cambridge.

Gawthrop, D. (2000) *Vanishing Halo: Saving the Boreal Forest*. Greystone Books, Vancouver.

Laurance, W. F. and Peres, C. A. (2006) *Emerging Threats to Tropical Forests*. University of Chicago Press, Chicago and London.

Malhi, Y. and Phillips, O. (2005) *Tropical Forests and Global Atmospheric Change*. Oxford University Press, Oxford.

Rudel, T. K. (2005) *Tropical Forests: Regional Paths of Destruction and Regeneration in the Late Twentieth Century*. Colombia University Press, New York.

Williams, M. (2003) *Deforesting the Earth: From Prehistory to Global Crisis*. University of Chicago Press, Chicago and London.

역자 후기

숲이란 무엇일까? 숲의 정의는 생각보다 훨씬 다양해서, 전 세계에서 수집된 숲에 대한 정의가 무려 800여 가지에 이를 정도다. 어쨌든 숲에 대한 가장 보편적인 정의는 '나무로 덮인 땅'일 텐데, 이 개념 자체도 사실 19세기 초중반, 유럽에서 전문적인 임학과 과학적 산림 경영이 탄생하면서 생겨난 것이다. 이렇듯 숲은 '생태적 실체'인 동시에 가치판단을 내포하는 '사회적으로 구성된 개념'이고, 한편으로는 경제적 보상을 제공하는 '자원'이기도 하다. 이 책은 여섯 개 장에 걸쳐 숲의 사회문화적 역사, 세계에 존재하는 다양한 형태의 숲, 나무와 숲의 진화사, 교란과 천이 같은 생태적 과정들, 숲의 생태계 서비스와 이용, 산림 파괴의 과거와 현재 등을 다룬다.

약 3억 8500만 년 전에 형성된 최초의 숲은 지금의 숲과는 달리 개구리, 곤충, 새 들의 울음소리가 들리지 않는 조용한 숲이었다. 그뒤로 육상식물의 진화와 지질 및 기후 변화가 상호작용하면서 숲의 모습을 계속 바꾸었다. 오늘날의 숲은 마지막 빙기가 끝난 시점, 즉 지금부터 1만 년 전~1만 2000년 전인 홀로세 때 형성되었다. 이때부터는 기후 변화뿐 아니라 인간이 다양한 방식으로 숲을 변모시켰다. 인류에게 숲은 오랫동안 경외심을 불러일으키는 장소였지만, 한편으로 인류는 숲을 이용하기도 했다. 인류와 함께한 숲의 역사는 대체로 파괴의 역사였다. 산림 파괴는 오늘날의 현상처럼 여겨지지만, 사실 인류는 수렵채집인으로 살던 때부터 숲에 영향을 미쳤고, 농업을 시작한 뒤로는 더 적극적으로 숲을 파괴했다.

산림 개발의 규모와 속도가 증가하는 가운데 보존을 요구하는 목소리도 커지기 시작했다. 물론, 숲이 다양한 가치가 충돌하는 장소인 만큼 보존에 대한 목소리도 하나는 아니다. 그렇기는 하지만 보존 패러다임은 대체로 '생태계 서비스'를 강조하는 쪽과, '바이오필리아'(자연을 사랑하는 인간의 타고난 감성)를 강조하는 쪽으로 나뉜다. 숲은 목재, 약제, 식량 같은 직접적인 산물뿐 아니라, 탄소 저장이나 토양 보호, 기후 조절, 수질 보호 같은 눈에 띄지 않지만 훨씬 중요한 서비스를 제공한다. 하지만 숲의 '생물다양성'은 숲이 제공하는 모든 서비스를 능가하는 가치를 지니고, 이 부분에서 보존의 두 패러다임은 자연스럽게 만난다. 대부분의 사람들은 숲이 제공하는 자원 때문이 아니라, 숲의 경이로움에 감명을 받아 숲을 보존해야 한다고 생각한다. 열대림이 대표적인 경우다.

저자 자부리 가줄은 태국, 말레이시아, 인도네시아의 딥테로카르푸스과(科) 나무들이 우점하는 열대 숲에서 연구 활동을 해왔다. 딥테로카르푸스 숲은 지구에서 생물학적으로 가장 풍요로운 서식지 중 하나로 손꼽힌다. 그는 최근에 보르네오섬 사바주를 다녀온 뒤, 벌목으로 본연의 모습을 조금씩 잃어가는 딥테로카르푸스 숲을 안타까워하며 그곳에 아직 남아 있는 생명의 풍요로움을 전한다. 숲 지붕에 틈이 생겨 어두컴컴한 깊은 숲속에 빛이 들면 눈에 띄기 시작하는 새, 나비, 딱정벌레나 나무줄기 둘레에서 이쪽을 뚫어지게 쳐다보는 도마뱀, 풀숲에 꼼짝 않고 앉아 있는 초록색 독사, 의식한 행동은 아니지만 엄격한 일정에 따라 움직이는 개미, 그리고 이런 풍요로운 생명을 떠받치는, 제각기 다양한 모습을 한 딥테로카르푸스 나무들. "이런 생명의 풍경에는 문자 그대로 가치가 있어서, 말레이시아의 국립공원으로 몰려드는 관광객들은 그 나라 경제에 123억 달러를 이바지한다."

숲은 지난 수천 년 동안 인간의 약탈을 견디며 인간에게 많은 것을 제공해왔다. 숲은 끊임없이 교란을 딛고 회복하는 놀랍도록 역동적인 시스템이다. 저자 자부리 가줄이 말하듯이 숲에 미래가 있다는 것에는 의문의 여지가 없다. 의문은 '미래의 숲이 어떤 모습일까?'이다. 2016년은 현대적인 기록이 시작된 이래로 지구가 겪은 가장 따뜻한 해였다. 인간이 환경을 지배해 급격하게 변화시킨 시대인 '인류세'에 숲이 여전히 경이로운 장소로 남아 있게 하려면, 숲의 과거와 현재 그리고 미래를 역사와 문화, 생태와 진화, 개발과 이용의 관점에서 다각도로 고찰해볼 필요가 있을 것이다.

독서안내

『숲 사용 설명서』, 페터 볼레벤, 장혜경 옮김, 위즈덤하우스

『자연의 비밀 네트워크』, 페터 볼레벤, 강영옥 옮김, 더숲

『숲 생태학 강의』, 전승훈 · 차윤정, 지성사

『숲의 생활사』, 차윤정, 웅진지식하우스

『신갈나무 투쟁기』, 전승훈 · 차윤정, 지성사

『생태학』, 유진 오덤, 이도원 옮김, 사이언스북스

『생태학을 잡아라!』, 데이비드 버니, 이한음 옮김, 궁리

『식물의 왕국』, 윌 벤슨, 이한음 옮김, 까치

『인류세의 모험』, 가이아 빈스, 김명주 옮김, 곰출판

『숲 경영 산림 경영』, 마상규 · 이강오, 푸른숲

도판 목록

1. 줄리아 힐 011
Yann Gamblin/Getty Images

2. 신성한 숲 019
Frans Lanting Studio/Alamy

3. 숭고 028
© Tomas Abad/Alamy

4. 대나무 041
Photograph by Jaboury Ghazoul

5. 휘태커의 생물군계 분류 046

6. 판근 049
Photograph by Jaboury Ghazoul

7. 덩굴식물화 050
Photograph by Jaboury Ghazoul

8. 착생 난초 051
Photograph by Jaboury Ghazoul

9. 열대우림 054
Photograph by Jaboury Ghazoul

10. 마다가스카르 건조림 060
Photograph by Alicia Donnellan Barraclough

11. 사바나림 062
Photograph by Jaboury Ghazoul

12. 온대림 066
Photograph by Jaboury Ghazoul

13. 북방림 072
Photograph by Jenn Baltzer

14. 데본기 숲 080
Courtesy New York State Museum, Albany, NY/Frank Mannolini

15. 페름기 숲 085
Photograph by Jaboury Ghazoul

16. 은행나무 화석 087
Photograph by Peter R. Crane/Swedish Museum of Natural History, Stockholm

17. 화분 도표 099

18. 암벽화 102
The Granger Collection/TopFoto

19. 마야 폐허 110
Photograph by Andy Macgregor

20. 강풍에 쓰러진 나무 119
© FAO/Bill Ciesla

21. 산불 122
© Korea Forest Service

22. 나무좀 130
Photograph by Bert Wermelinger

23. 바카 피그미족 150
Photograph by Edmond Dounias

24. 고무 152
Mary Evans/Grenville Collins Postcard Collection

25. 벌목 155
Photograph by Jaboury Ghazoul

26. 보호림 170
Photograph by Jakob Jäger

27. 맹그로브 172
Photograph by Rob Marchant

28. 수종 다양성 181

29. 산림 파괴 196
Photograph by Patrice Levan

30. 조림 206
Photograph by Jaboury Ghazoul

31. 숲의 재생 218
Photograph by Robin Chazdon

숲

FORESTS

초판 1쇄 인쇄 2019년 2월 25일
초판 1쇄 발행 2019년 3월 5일

지은이 자부리 가줄
옮긴이 김명주
펴낸이 염현숙
편집인 신정민

편집 최연희
디자인 강혜림
저작권 한문숙 김지영
마케팅 정민호 정현민 김도윤
홍보 김희숙 김상만 이천희
제작 강신은 김동욱 임현식

제작처 한영문화사(인쇄) 한영제책사(제본)
펴낸곳 (주)문학동네
출판등록 1993년 10월 22일
제406-2003-000045호
임프린트 교유서가
주소 10881 경기도 파주시 회동길 210
문의전화 031) 955-8891(마케팅)
031) 955-2692(편집)
팩스 031) 955-8855
전자우편 gyoyuseoga@naver.com
ISBN 978-89-546-5514-9 03450

• 이 도서의 국립중앙도서관 출판예정도서목록(CIP)은
서지정보유통지원시스템 홈페이지(http://seoji.nl.go.kr)와
국가자료공동목록시스템(http://www.nl.go.kr/kolisnet)에서 이용하실 수 있습니다.
(CIP제어번호: CIP2019004189)

www.munhak.com